贈りもの上手が選ぶ、

東京手みやげ&ギフト

TOKYO'S
Good Souvenirs & Gifts

フィガロジャポン編集部（編）

CCCメディアハウス

Chapter

1

Selected Souvenir

素敵なあの人が選ぶ東京手みやげ …… 5

Selected by

Chapter

2

Good Looking

おいしい！だけじゃない
グッドルッキングな手みやげ …… 34

Chapter

3

Omotase

ホムパに持ち寄りたい
グルメな OMOTASE …… 127

Selected Souvenir

素敵なあの人が選ぶ 東京手みやげ

渡す相手の喜ぶ顔を想像しながら選びたい手みやげ。もらった人が絶対に笑顔になるおすすめを、素敵なセンスで一目置かれている「あの人」に教えてもらいました。選ぶ時のこだわりや渡す時に大切にしていることなども参考にしてみて。

「とらや」の生菓子

日本の四季を彩る
老舗の上生菓子。

老舗和菓子屋として歴史を誇る「とらや」。半月ごとに異なる生菓子は茶事のおつかいものとして評判高い。左から羊羹製「手折桜」、薯蕷製「桜形」、きんとん製「遠桜」。各¥450 ※月ごとに販売される生菓子は異なります

とらや 東京ミッドタウン店 | TORAYA

東京都港区赤坂9-7-4 D-B117
東京ミッドタウン ガレリアB1F
☎ 03-5413-3541
㊩ 11:00〜21:00 ㊡ 元日

日本とニュージーランド、ふたつの故郷を持ち、現在はフランスを拠点に活躍するオニール八菜さん。日本人である母の影響から「おいしくて見た目も繊細で美しい」和菓子をこよなく愛する八菜さん

3歳でバレエを始め、オーストラリアバレエ学校を首席で卒業。その後、2013年にパリ・オペラ座バレエ団に入団。ヨーロッパでもその実力が高く評価され、現在はプルミエール・ダンスーズとして、次のエトワール有力候補にも期待が寄せられている。

「白雪ふきん」の白雪友禅

白雪ふきん｜
SHIRAYUKIFUKIN

日本橋髙島屋ほか各百貨店、東急ハンズ、ロフト各店ほかで取り扱い中。**本店ギャラリー**：奈良県奈良市南紀寺町5-85 ☎ 0742-22-6956 ㊐ 10:00〜17:00 ㊡ 日曜、祝日、第1・3・5土曜

奈良伝統の蚊帳から生まれた「白雪ふきん」。華やかで美しい型染めシリーズ〈白雪友禅ふきん〉はギフトやおみやげに人気。右手前から時計回り：「桜」「椿」「meow meow meow」「なでしこ」「青い鳥」各¥418

蚊帳のやわらかな風合いとモダンな友禅染めが美しい。

は、大好きな人への手みやげや、和菓子好きな知人からのお茶のお呼ばれに、四季折々の彩りが楽しめる「とらや」の生菓子を選ぶことが多いそう。また日本への一時帰国の折に、海外に住む友人たちへのおみやげとして購入するのが、蚊帳生地から作られるやさしい手触りの「白雪ふきん」。特に珊瑚色の椿柄や、ピンクの桜柄がお気に入り。海外ではほとんど見かけることがないレアさや、絵柄の可愛さ、実際に使いやすく実用性が高い点もお気に入りのポイントなのだとか。日本の伝統・美に寄せる想いを感じさせます。

「廚 菓子 くろぎ」のまゆら

東京大門の日本料理店「くろぎ」が手がける和風モダンカフェ「廚 菓子 くろぎ」のオリジナル和菓子「まゆら」。黒蜜味と抹茶味、2種のわらび餅は本蕨粉を使用。きな粉と鶯粉をセットで。
¥4,000

希少な本蕨粉で叶える贅沢なもちもち感。

廚菓子くろぎ｜KURIYAKASHI KUROGI

東京都文京区本郷7-3-1（東京大学 本郷キャンパス春日門側 ダイワユビキタス学術研究館1F）
☎ 03-5802-5577　㋐ 10:00〜19:00　㋒ 不定休

selected by

メイクアップアーティスト
MICHIRU さん

渡仏・渡米を経て、ファッション誌や広告、女優などのメイクを手がける。ビューティディレクターとして化粧品開発にも携わる。ヨガ、アロマ、ヒーリングなどを取り入れた、肌、心、体のインナービューティを提案し、そのライフスタイルも注目の的。

MICHIRUさんの手みやげ選びのモットーは、相手のライフスタイルにできるだけ寄り添って選ぶこと。「たとえばひとり暮らしの方には賞味期限が短すぎないもの。家族がいる方はお子さんでも

「いなり和家」のいなり寿司

開けた瞬間に歓声があがる〝美しおいしい〟いなり寿司。

いなり和家｜INARI KAZUYA

東京都目黒区八雲3-22-11-101
☎ 090-3349-3877
㊥ 完全予約制　㊡ 不定休
※紙箱の注文は20個入りより。3日前までに要予約

自由が丘八雲の閑静な住宅街で営むいなり寿司専門店「いなり和家」。桐箱入りのいなり寿司は手みやげ上級者たちの間でも評判。ごま（通年）、柚子（11〜2月）、しょうが（3〜10月）。写真は18個入 ¥4,800

食べられるものをと、いろいろ想像を巡らせます。あとは、自分が食べて感動したものの。教えたい！と思えるものを選びます」。「廚菓子くろぎ」のオリジナル和菓子「まゆら」は、「もちもちのわらび餅にきな粉と鶯粉、黒蜜をかけていただく品で、和菓子ならではの落ち着いた味は目上の方にも喜ばれます」。また、人数の多いシーンやお祝いの席には「いなり和家」のいなり寿司。「端正な桐箱を開けると裏返したいなりがきれいに並んでいて、丁寧なお仕事を感じます。ひと口で食べられるサイズ感。山椒が利いたガリもおいしいです」

「wagashi asobi」の
ドライフルーツの羊羹

和と洋のハイブリット。
遊び心あふれるモダン羊羹。

ワガシアソビ｜wagashi asobi

東京都大田区上池台1-31-1-101
☎ 03-3748-3539　⊙ 10:00〜17:00　⊛ 不定休

北海道産小豆の餡と沖縄県西表島の黒糖、ラム酒を使用して、ドライにしたイチジク、イチゴ、クルミとともに練り上げた「ドライフルーツの羊羹」。薄めにカットして、赤ワインやウィスキーなどのお酒のあてとしても好相性。¥2,300

Selected by

フォトグラファー
シトウレイさん

日本を代表するストリートスタイルフォトグラファーであり、ジャーナリスト。STYLEfromTOKYOを主宰し、被写体の魅力を写真と言葉で紡ぐスタイルのファンは多数。TVやラジオ、講演など活動は多岐にわたる。Instagram：@reishito

「おしゃれでトレンド感があるもの」よりも「長く愛される老舗系」を手みやげに選ぶことが多いというシトウレイさん。お気に入りの手みやげのひとつ「第一ホテル」の「チェリーウィッチ」はクラシ

「第一ホテル」のチェリーウィッチ

食す所作までデザインした老舗ホテルのロングセラー。

第一ホテル東京1階パティスリー「ル・ド・ブリク」の「チェリーウィッチ」12個入￥1,950。さくさく軽い食感のサブレで、甘酸っぱいフランベチェリーとバニラ風味のバタークリームをサンド。

第一ホテル東京
パティスリー ル・ド・ブリク｜
DAI-ICHI HOTEL TOKYO
Patisserie RUE DES BRIQUES

東京都港区新橋1-2-6 1F
☎ 03-3596-7569
㊡ 9:00～19:00 ㊡ 無休

カルなデザインと、上品で懐かしい老舗の味が後を引くひと品。「食べる時の所作がきれいに見える大きさにデザインされていて、私の中で〝淑女のおやつ〟として鉄板手みやげになってます」。「wagashi asobi」の「ドライフルーツの羊羹」は「和と洋のエッセンスが絶妙に融合していて、味も食感も見た目もおもしろい。羊羹の概念を覆されました！」。一方で「自分は割ともらったら何でもうれしいんです。でも『レイちゃんと名前が似てるから』とシュトーレンをもらったのはいまだに記憶に残ってます。まさかそう来るとは……！（笑）」

「パレスホテル東京」の
マロンシャンティイ

濃厚なマロンを秘めた
ホテル伝統のスペシャリテ。

栗が主役となるよう外側のクリームは甘さ控え
め。中には絶妙な食感に裏ごしされた風味豊か
な栗がたっぷり。パレスホテル東京のB1F「ス
イーツ＆デリ」で販売されるシグネチャーケー
キ「マロンシャンティイ」¥680。

パレスホテル東京 スイーツ＆デリ
PALACE HOTEL TOKYO Sweets & Deli

東京都千代田区丸の内1-1-1 B1F
☎ 03-3211-5315　🕙 10:00〜20:00　㊡ 無休

尾上松也さんが手みやげとし
て真っ先に選ぶお気に入りの
ひと品は、パレスホテル東京
の地階、「スイーツ＆デリ」
の人気パティスリー「マロン
シャンティイ」。「普段から自
分が本当においしいと感じる

1990年、5歳にして初舞台を踏み、
二代目尾上松也を名のる。2005
年には20歳の若さで当主となり、以来、
一門を率いる。美しい容姿を活かした
色気のある若女方や二枚目に定評があ
り、梨園きってのスイーツ好きとして
も知られている。

Selected by

歌舞伎俳優
尾上松也さん

「つる瀬」のむすび梅

食べやすさもうれしい
老舗和菓子店の隠れた名品。

宮城県産の餅米に北海道産の大豆を入れて炊き上げた縁起もののおこわ「むすび梅」は昭和5年創業の老舗和菓子屋「つる瀬」の名物。近所の湯島天神の白梅に由来したもので、上には梅、中には刻み昆布入り。¥300

つる瀬｜TSURUSE

東京都文京区湯島3-35-8
☎ 03-3833-8516　🕐 9:30〜19:00（日祝は18:00まで）
㉺ 月曜（月曜が祝日の場合、火曜に振替）

ものを選ぶのですが、マロンシャンティイを選ぶ理由もとにかくシンプル。何度食べてもおいしいと感じる自分の理想のケーキだからです。特に大勢の仲間が集まる時などに選ぶことの多いひと品かもしれません」。普段はこれと決めたらそれひと筋だという松也さん。甘いもの以外では、

「つる瀬さんの『むすび梅』はいただいてとてもうれしかった手みやげのひとつです。昔から梅が好きで、パッケージも開けやすく手や汚さずに食べられるよう工夫された包みもいいですね。自分からの差し上げものとしてもよく利用しています」

「ランマス」の**チーズ**

熟成士の確かな技を教えてくれる極上チーズ。

左から：なめらかな口あたりと酸味のバランスが絶妙「ブリヤサヴァラン アフィネ」ハーフ約100g ¥1,346、旨みとコクのかたまり「コンテ20〜24ヶ月MONS熟成」100g ¥1,426、山羊ならではのさっぱりとした余韻「サントモール ドラゴニエール」ハーフ約125g ¥1,670

チーズ専門店ランマス｜LAMMAS

東京都世田谷区下馬2-20-5
☎ 03-6453-2045　🕐 12:00〜19:00（金土祝前は22:00まで）
㊡ 月曜、木曜

Selected by
料理研究家
平野由希子さん

フランス料理とワインを愛する料理研究家。日本ソムリエ協会認定ソムリエ。2015年にフランス農事功労章を叙勲。料理教室cuisine et vin主宰。
Instagram：@8yukiko76hirano／HP：https://www.yukikohirano.com

料理家という仕事柄、おいしいものを知り尽くしている平野由希子さん。手みやげリストも百戦錬磨の平野さんが選ぶひと品は、「ピエトロ・ロマネンゴ」の「フルッタ カンディータ」です。「まるで

「ピエトロ・ロマネンゴ」の
フルッタ カンディータ

ジェノヴァの老舗が誇る
門外不出のアルチザンの味。

ノンナ アンド シディ ショップ
NONNA & SIDHI SHOP

東京都渋谷区恵比寿西2-10-6 大槻ビル102
☎ 03-5458-0507　🈺 11:00〜19:00　🈹 日曜、祝日
※フルーツの数と種類は時期によって異なります

イタリア・ジェノヴァの砂糖菓子店「ピエトロ・ロマネンゴ」が独自の伝統手法で製造するフルーツの砂糖漬け「フルッタカンディータ」。果物はマンダリン、プルーン、イチジク、イチゴなど全8種（木箱入り）¥10,000

宝石のようなおいしいフルーツの砂糖漬け。しっとりとした質感、たっぷりとした果物の香りと凝縮感にうっとりします」。そして、ワイン好きが集まるシーンには、三軒茶屋「ランマス」のチーズを。「熟成が素晴らしく、本当においしいものばかり。絶大な信頼を置いています」。そんな平野さんがご自身のいただきもので特に印象に残っている手みやげは「とらや」のお赤飯なのだそう。「誕生日に親しい友人からもらったのですが、"お祝いにお赤飯"って、とてもいいなぁと感激したことを覚えています」

「櫻井焙茶研究所」の
焙じ茶・季節のブレンド茶

櫻井焙茶研究所｜
SAKURAI JAPANESE TEA
EXPERIENCE

東京都港区南青山5-6-23
スパイラルビル5F
☎ 03-6451-1539
㊨ 11:00〜20:00
（茶房は平日23:00まで）
㊡ スパイラルビルに準ずる

お茶の香りを楽しむ
時間も一緒に贈りたい。

「ロースト」と「ブレンド」を基とし、各地より厳選した日本茶をはじめ、店内でローストした焙じ茶や、国産の自然素材を組み合わせた四季折々のブレンド茶を販売。なかでも店内で焙煎した焙じ茶（左：No.2中炒り50g ¥800）が評判高い。右は季節のブレンド茶「No.32 桜」45g ¥1,700

Selected by
モデル
青柳文子さん

独創的な世界観とセンスで同世代の女性から支持を集め、雑誌、映画、ドラマ、CMなどに出演。映画や旅行についてコラムを執筆するなど、さまざまな分野で才能を発揮している。また、ママ雑誌でも表紙を飾り、新たな一面も。
Instagram：@aoyagifumiko

「家の近所にあるお菓子屋さんで "自分の日常にある味" を選んだり、縁のある土地や場所で出会ったもの。自分らしいストーリーを添えられるものを選ぶようにしています」。ファッションモデルと

「mitosaya」の蒸留酒

千葉県大多喜町「mitosaya薬草園蒸留所」の「029. CHOC & MINT」。ダンデライオン・チョコレートのソルサル、ドミニカ共和国のカカオニブを使ったナッティさと、ミントの軽快な香りが楽しめる。500ml ¥10,120

"丁寧な時間" を凝縮させた天然ハーブの蒸留酒。

コール｜call

東京都港区南青山5-6-23
スパイラルビル5F
☎ 03-6825-3733　㋓11:00〜20:00
㋭ スパイラルビルに準ずる

して活躍する青柳文子さんの手みやげ選びの法則は、*"自分の日常"* を贈ること。セレクトのセンスに信頼を寄せる青山「call」で出会った最近のお気に入りが、「mitosaya薬草園蒸留所」のオード ヴィーです。「とても丁寧に時間をかけて作られたハーブの蒸留酒でデザインも素敵。希少な品なのでとっておきのプレゼントに選びます」。また「call」の隣にある「櫻井焙茶研究所」のお茶も手みやげにおすすめだそう。「店内で自家焙煎する焙じ茶が特に好きで、*"ほっとひと息つける時間"* もプレゼントできるような気がします」

「DEMEL」の
ソリッドチョコ 猫ラベル

ウィーンの老舗菓子店「DEMEL」の代表作として知られる「ソリッドチョコ 猫ラベル」。猫の舌の形をしたフォルムは口どけの良さも叶えてくれる。ミルク、スウィート、ヘーゼルナッツの3種の風味。¥1,800

なめらかな口どけが楽しめる猫の舌の形のチョコレート。

デメル 日本橋髙島屋店｜DEMEL
東京都中央区日本橋2-4-1 日本橋髙島屋S.C. 本館B1F
☎ 03-3211-4111 ㊏ 10:30〜19:30 ㊡ 髙島屋に準ずる

Selected by
uka 代表
渡邉季穂さん

トータルビューティカンパニー「uka」の代表を務める一方、長年の経験を活かした商品開発も行う。また、ネイリストとして各界から絶大な人気を誇る。個性を活かしたナチュラルかつシンプルなネイルスタイルには定評があり、著書『雰囲気からして美人』（ダイヤモンド社刊）も話題。

「今までもらってうれしかったもの、食べてみておいしかったもの」が、手みやげ選びのミニマムルールだと言う渡邉季穂さん。「さらに見た目の可愛さやスタイリッシュさも重要。外でお渡しする時

「トリュフベーカリー」の
白トリュフの塩パン

香りと食感がクセになる
ワイン好きの手みやげ。

門前仲町に本店を持つ「トリュフベーカリー」の人気パン。食感と旨味・甘味にこだわったカナダ産小麦粉の生地に自家製トリュフバターを練り込み、トリュフオイルと白トリュフ塩で仕上げる。¥180

トリュフベーカリー本店｜Truffle BAKERY

東京都江東区門前仲町1-15-2 1F
☎ 03-5875-8435　㉈ 9:00〜19:00（土日祝は8:00〜18:00）
㉹ 不定休

はパッケージの大きさもポイントで、荷物にならず軽いものを選ぶようにしています」。お気に入りの品のひとつ「DEMEL」の「ソリッドチョコ猫ラベル」は「口どけなめらか、風味豊かなチョコレートで味も3種類から選べます。ボックスに描かれた猫のイラストが猫好きにはたまらない。目でも舌でも癒やされます」。お酒好きな友人たちが集まる場所に、と決めている品が「トリュフベーカリー」の「白トリュフの塩パン」。「ワインとの相性が良くて、とにかく美味。当日食べてもらいたいのでパーティーのおもたせに選びます」

「プログレ」の ドライフルーツ

果物の風味・おいしさを
ぎゅっと凝縮。

プログレ 松屋銀座店｜Progres

東京都中央区銀座3-6-1
松屋銀座 B1F グルマルシェ内
☎ 03-3562-6226
㋓ 10:00〜20:00　㋑ 松屋銀座に準ずる

松屋銀座に本店をおくドライフルーツ・ナッツの専門店「プログレ」のドライフルーツ。Atsushiさんは普段、東京駅構内のショップで買い求めるそう。右上から：国産甘夏、ミカン、クランベリー、国産リンゴ、干し梅、トマト。各¥600

Selected by

ファッション＆ライフ
スタイルプロデューサー
Atsushi さん

ヴェルサーチなどのPRを経て独立。野菜ソムリエプロや漢方養生指導士初級の資格を持ち、レシピ本などを多数出版。TV、雑誌、ラジオなどでも幅広く活躍中。インスタグラムで健康美容情報も発信している。Instagram：
@atsushi_416

日常的に〝美腸〟や〝美肌〟などのキーワードに繋がることが多いAtsushiさんのお気に入りの手みやげは「ナッツやドライフルーツ、またはフルーツの入ったお菓子など、〝おいしい〟ことを大前

「umami nuts」の
缶入りフレーバーナッツ

鹿児島の老舗豆菓子店が提案するプレミアム豆菓子店「umami nuts」。「ポルチーニマカダミアナッツ」は、リッチな味わいのマカダミアナッツにイタリア産ポルチーニとパルメザンを仕込んだ衣を纏ったひと品。¥1,000

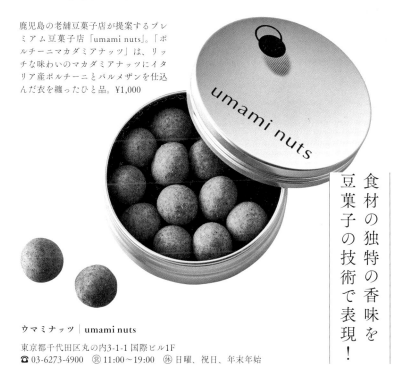

食材の独特の香味を豆菓子の技術で表現！

ウマミナッツ｜umami nuts

東京都千代田区丸の内3-1-1 国際ビル1F
☎ 03-6273-4900　🕐 11:00〜19:00　㊡ 日曜、祝日、年末年始

提に選んだヘルシーなものが中心」。そのひとつが「プログレ」のドライフルーツです。「しっとりと水分量多めな仕上がりで、果物のおいしさをしっかり堪能できる。数種類を箱に詰めていただくと、色鮮やかな見た目になるのもうれしい点です」。そして、Atsushiさんの手みやげに欠かせないもうひとつのアイテムが「umami nuts」のフレーバーナッツ。「洗練されたシルバーの丸缶に詰められた、五味を活かしたナッツなどの豆菓子ブランドなのですが、フレーバーが絶妙で食べ始めると止まらないおいしさ。至福の時間を楽しめます」

「KAMAKURA CHIP CHIP」の
ドライフルーツ

見た目の可愛さもうれしい小粋なドライフルーツ。

風味豊かな国産の果物や野菜の味を無添加で提供する「KAMAKURA CHIP CHIP」。果物や野菜の種類は季節の旬に合わせて変化。左：ドライベジタブル¥340、右：無添加ドライフルーツMixパック¥530、左上：ナガノパープル¥1,200

ウミカフェ｜umi café

神奈川県鎌倉市由比ヶ浜2-16-1-105
☎ 0467-22-2287　㊗ 11:00～19:00（8月のみ20:00まで）
㊡ 水曜、第3火曜　※HPまたはDAILY by LONG TRACK FOODSでも購入可能

Selected by
スタイリスト
岡尾美代子さん

洋服から雑貨まで、幅広いスタイリングを手がける。鎌倉でデリカテッセン「DAILY by LONG TRACK FOODS」を共同経営。『岡尾美代子の雑貨 ヘイ！ヘイ！ヘイ！』（小社刊）『センスのABC』（平凡社刊）ほか著書多数。

「手みやげ選びの自分なりの法則は、まずその人が好きそうなものをイメージして、その中から自分も好きなものを考えること。そしておいしいもの、気の利いたパッケージのもの、普段あまり買えない

22

「ペリカン」の角食パン

パン好きたちの間では言わずと知れた浅草・田原町の老舗ベーカリー「ペリカン」。創業当時から食パンとロールパンの2種のみを焼き続けるこだわりの名店には昔からのファンも多い。1斤¥430、1.5斤¥650

老舗のこだわりが詰まった揺るぎないおいしさ。

ペリカン｜Pelican

東京都台東区寿4-7-4
☎ 03-3841-4686
⊗ 8:00〜17:00（電話受付8:00〜15:30）
㉁ 日曜、祝日、特別休業日（夏、年末年始）

りは「KAMAKURA CHIP CHIP」のドライフルーツ。「フルーツ本来の甘味がとてもおいしい。軽いので渡した相手も持ち帰りに負担にならない点もいいのです」。また、友人に頼んで〝逆手みやげ〟をお願いするのは田原町の老舗ベーカリー「ペリカン」の食パン。「耳までぎゅっと詰まった飽きの来ない味。自宅から遠く普段は買えないものなのでうれしいです」

ものなどをTPOに合わせてチョイスします」。〝デザイン性の良さと長く愛される味〟を兼ね備えたものを選ぶことが多いという岡尾美代子さんの最近のお気に入

「レ・カカオ」のセレクション9

ビーン・トゥ・バーの新境地が味わえる。

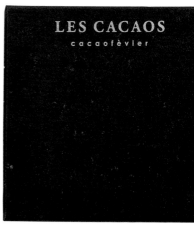

世界的に著名なショコラティエで研鑽を積んだ後に独立した黒木琢磨さんが営むショコラトリー。ビーン・トゥ・バーをもとにタブレット、ボンボンショコラ、ガトーを展開する。写真は、繊細でキレのある風味が楽しめる「セレクション9」¥2,731

レ・カカオ | LES CACAOS

東京都品川区東五反田2-19-2 第12東都ビル1F
☎ 03-6450-2493 　㋐ 11:00～19:00 　㋡ 火曜

Selected by

ビューティーエディター
松本千登世さん

美容やインタビューを中心に活動。女優、モデル、美容研究家などへの取材で得た知識が豊富で、多くの女性誌で連載・企画を担当する。エレガンスを育てるエッセイ集『『ファンデーション』より『口紅』を先に塗ると誰でも美人になれる「いい加減」美容のすすめ』(講談社刊)ほか、著書多数。

コスメや美容のみならず、フード情報も広くカバーする松本千登世さん。手みやげリストの上位に上がるアイテムはどれも通好みでインパクトがあるものばかり。「差し上げものは、必ず自分が食べて

「呼じろう」のいなり寿司

元役者が作る"楽屋見舞い"おいなりさん。熊本県南関町の「南関揚げ」で俵型にした酢飯を巻き上げる「呼じろう」のいなり寿司は、胡麻やクルミ、季節ごとにたらこや新生姜、数の子など具材の種類も豊富。「竹皮」8個入¥1,200〜

さっぱりお揚げに胡桃入り。いなり寿司がモダンに進化。

おいなりさん 呼じろう｜KOJIRO
東京都港区南麻布1-3-13
ディアコート麻布1F
☎ 03-6809-6063
㋞ 10:00〜18:00　㋡ 月曜

おいしいと感動したものを選びます」。五反田のショコラティエ「レ・カカオ」のボンボンショコラ「セレクション9」もそのひとつ。「箱を開けた時のインパクトもそうですが、なめらかな口あたりはどこか官能的。一度味わうとクセになります」。舞台に足を運ぶことも多いという松本さん。その差し入れに選ぶひと品が南麻布「呼じろう」のいなり寿司です。「分刻みで時間に追われている舞台のバックヤードだからこそ、ひと口で食べられるサイズ感が喜ばれるみたい。味のバリエーションがある点も楽しくていいですよね」

「パリセヴェイユ」の焼き菓子

フランスの美意識が詰まった金子美明シェフの自信作。

パリセヴェイユ｜Paris S'éveille

東京都目黒区自由が丘2-14-5 館山ビル1F
☎ 03-5731-3230　🕙 10:30〜20:00　休 不定休

マドレーヌやフィナンシェ、ケークオショコラ、モエルーズピスターシュなど、軽い食感ながらも風味豊かな焼き菓子はバリエーションも豊か。「焼き菓子詰め合わせ」14個入￥4,027

Selected by

アタッシェ・ドゥ・プレス
鈴木純子さん

フリーのアタッシェ・ドゥ・プレスとして、食やワイン、プロダクト、商業施設などライフスタイル全般で作り手の意思を感じられるブランドのブランディングやコミュニケーションを手がけている。Instagram: @suzujun_ark

「『つまらないものですが』的な文化はあまり好きでないので、自分にお気に入りのものをシェアする気持ちで選んでいます。普段から心がけているのは『"モノ"ではなく"楽しむ時間"を贈る』とい

「doinel × foodremedies」の
焼き菓子

ハーブやスパイス香りが心をほっと癒やす焼き菓子。

外苑前「ドワネル」で人気の「doinel × foodremedies」の焼き菓子。ハーブやスパイスをふんわり利かせた長田佳子さんの焼き菓子が「ドワネル」製のボックスやパッケージ入りで販売される。¥1,400〜1,650 ※価格は内容により異なります

ドワネル | doinel

東京都港区北青山3-2-9
☎ 03-3470-5007　⏰ 12:00〜20:00　㉻ 水曜

う想いで、ストーリーのあるものを選ぶことでしょうか」。ひとつひとつのモノが育んできた「物語」にかける想いの深さを教えてくれる鈴木純子さん。お気に入りの品は「敬愛するパティシエ・金子美明さん（パリセヴェイユ）の焼き菓子です。フランスの美意識と味わいが凝縮するお菓子は、詰め合わせるプロセスさえも楽しい」。もうひとつのおすすめは「雑貨やグローサリーを扱う『ドワネル』が、菓子研究家・長田佳子さんとのコラボで毎月限定入荷するお菓子。カルタ・ヴァレーゼの包装紙を使った美しいパッケージも魅力的です」

「梅花亭 深川不動尊仲見世店」の どら焼き

江戸の味を再現した
極薄生地の〃銅鑼焼〃。

江戸時代に庶民に親しまれた“銅鑼焼”を再現した「梅花亭 深川不動尊仲見世店」の看板商品。驚くほど極薄生地の中にぎゅっと詰まった餡のバランスが絶妙。一度味わうとまた食べたくなる老舗の味。1個¥240

梅花亭｜BAIKA-TEI

東京都江東区富岡1-13-10
☎03-3641-3528　㊤10:00～16:00　㊡無休

Selected by

Amazon ソムリエ
原 深雪さん

2016年、Amazonソムリエサービスリーダーに就任。「ワインを気軽に楽しんで、おいしく飲んでいただきたい」がモットー。フレンチレストランでのシェフソムリエ、リアル・ワイン・ガイド誌のコメンテーターなどを経験し、現在は複数のメディアにも出演。

ソムリエとして揺るぎないキャリアを重ねてきた原深雪さん。厳選された手みやげリストの中から選んでいただいた2品は、どちらも定番としてお気に入りだそう。ひとつ目の品は、門前仲町の老舗和

「洋菓子ヴィヨン」のバウムクーヘン

本物の陶器のように焼き上げたメイプルバウムクーヘン「グランヴィヨン」。カナダ産メープルシュガーをふんだんに使い、まろやかなコクと風味が自慢のひと品。本物の陶器さながらに木箱入り。写真は中サイズ。¥11,000

まるで本物の陶器！わっ！と驚く壺型バウム。

洋菓子ヴィヨン｜VILLON

東京都世田谷区桜新町2-8-4
☎ 03-3427-2555　🕘 9:30〜20:00（電話受付11:00〜20:00）
㊡ 水曜

菓子屋「梅花亭」の定番和菓子、どら焼きです。「ふわっとした生地が多い最近の和菓子とは真逆のアプローチで、どら焼きの生地は極薄。それなのにもちもちとした食感と中の餡のバランスが絶妙で印象的な味わいです」。もうひと品が、桜新町「洋菓子ヴィヨン」の壺型バウムクーヘン。「水なしでも食べられるほどしっとりと焼き上げられた生地は時間が経ってももっちり感が持続します。本物の陶器のように焼き上げる『グランヴィヨン』は一層ごとの焼き色を注意しながら手焼きにこだわります。ムラのない美しさにも感動です」

「オーボンヴュータン」の ウィークエンド

尾山台で不動の人気を誇る
パティスリー「オーボン
ヴュータン」のスペシャリテ
「ウィークエンド」。レモンの
香りとともに広がる焦がしバ
ターの風味。しっとりと密度
のある生地は何度食べても飽
きない味。¥1,800

料理家にも喜ばれる
王道のおいしさ。

オーボンヴュータン
尾山台店│
AU BON VIEUX TEMPS

東京都世田谷区等々力2-1-3
☎ 03-3703-8428
㈋ 9:00〜18:00
㈯ 火曜、水曜

Selected by
エディター・ライター
今井 恵さん

「クロワッサン」「アンアン」「大人の
おしゃれ手帖」「GLOW」「ゲーテ」
などの雑誌を中心に、美容、旅、人物
インタビューなどを手がける。プライ
ベートでは1女の母。仕事仲間や女友
達との、おいしいもの＆手みやげ情報
交換は欠かさない。

「渡した瞬間に喜ぶ顔が見た
いので、手みやげは味とパッ
ケージのどちらも重視します。
そして必ず『これはね…』と、
お菓子の説明やなぜ選んだの
かをひと言添えて渡します」。
取材先などにも手みやげを

「自由が丘モンブラン」の
クッキーティーコンフェクト

発売以来約50年変わらぬ味で愛される「自由が丘モンブラン」の「クッキーティーコンフェクト」。スイス伝統のレシピを基に、発売当初から変わらず北海道産バターにこだわって焼き上げたしっとり食感が印象的。6種12枚入￥2,600

箱の中にお行儀良く詰められた幸せの味。

自由が丘モンブラン｜MONT-BLANC

東京都目黒区自由が丘1-29-3　☎ 03-3723-1181
営 10:00〜19:00　休 不定休

選ぶことが多い今井さんのお気に入りの品は、尾山台の人気パティスリー「オーボンヴュータン」のウィークエンド。「レモンの風味でさっぱり、だけど濃厚な味わいは食感も豊か。杏のシロップと砂糖のコーティングの組み合わせがたまりません。食通の方はもちろん、誰にでも喜んでいただける鉄板の味です」。もうひと品は、「自由が丘モンブラン」の「クッキーティーコンフェクト」。「数種類のクッキーがお行儀良くぎっしり詰まっていて見た目も可愛い。素朴な焼き菓子ですが、洋酒不使用なので小さなお子さんでも楽しめる味です」

「Megan bar & patisserie」の焼き菓子

アメリカン＆ヨーロピアン
リッチな味わいの焼き菓子。

おいしい店が集まる奥渋の一角、オールデイダイニング＆カフェに併設されたパティスリー「Megan bar & patisserie」。右奥から：発酵バターのパウンド、レモンポピーシードのパウンド、エンガディーナ、カヌレ、マロンボンボネット¥280〜¥430

ミーガン バー＆パティスリー｜Megan bar & patisserie
東京都渋谷区東1-29-3 SHIBUYA BRIDGE B棟1F
☎ 03-5962-7648　営 8:00〜23:30（日月17:00まで）
休 無休

「甘いものは全般好きですが、なかでも特に焼き菓子愛が強くて。　最近は都内に小さくておいしいお店が増えているのがうれしいです。手みやげにする際は、焼きたてが届けられる場所で買い求めることが

ギャップ出版でライフスタイル誌「gaP」の立ち上げに携わった後、同社の書籍編集を経て「edible」の屋号で独立。アパレルや食ブランドのフリーペーパーの企画・編集のほか、現在は雑誌・WEBメディアなどで執筆中。本書のセレクター兼ライターも担当する。

selected by
ライター
松浦 明さん

「THE WINE STORE」の
ナチュラルワイン

ホムパの持ち寄りに最適な
やさしい目線で選ばれたワイン。

ナチュラルワイン専門店
「THE WINE STORE」。
店内では角打スタイルで
有料試飲も可能。左：サ
バディ／リモナータ マー
ドレ¥1,500、中：ル レザ
ノン ア プリュム／ロゼ
ロゼ¥3,200、右：ジュリ
アン メイエー／メール エ
コキヤージュ¥2,600

ワインストア｜THE WINE STORE

東京都目黒区中目黒3-5-2　☎ 03-6451-2218
㊰ 15:00〜19:00（土日祝は13:00〜19:00）　㊡ 不定休

多いですね」。本書内でも数
多くの焼き菓子をセレクトす
るライター・松浦明さんのお
気に入りは「ミーガン バー
＆パティスリー」の焼き菓
子。「Tangentesというパティ
シエ集団がレシピを監修する
お店で、生菓子もおいしい。
ショーケースにずらりと並ぶ
焼き菓子はアメリカン＆ヨー
ロピアンなテイストで見てい
るだけで楽しいです」。一方、
持ち寄りのホムパで頼るのが
「ワインストア」のナチュラ
ルワイン。「コスパが良く安
心して飲めるワインをすすめ
てくれる。駅からのアクセス
の良さもうれしいです」

33

Chapter

2

Good Looking

おいしい！だけじゃない
グッドルッキングな
手みやげ

丁寧に生み出された風味豊かなお菓子は、見ているだけでも心ときめかせてくれるもの。おいしい！の感動はもちろん、手元に残しておきたくなる缶やボックス、パッケージなど、グッドルッキングな見た目もうれしい手みやげたちを集めてみました。

Cute Baked Sweets

焼きたてを渡したい！
愛しの焼き菓子

「ダンラ ポッシュ」の
レモンカヌレ

テトラ型の包装紙に萌える行列のできるカヌレ専門店。

愛媛の無農薬レモン農家が作るリモンチェッロを使った「レモンカヌレ」。とろりとした甘味とレモン皮のビターな余韻が絶妙な夏季限定の人気フレーバー。¥300

店頭販売は土日祝日のみ。しかも個数限定。それでもまた買いに走ってしまう「ダンラ ポッシュ」のカヌレ。オーナーの内藤裕子さんのこだわりは、皮はザクザクッと力強く、中はクリーミーな(ワインに合う)本場フランス・ボルドーの味。リンゴや干し柿、レモンなど、季節ごとに登場する期間限定フレーバーもお見逃しなく!

ダンラ ポッシュ|
Dans la Poche
東京都目黒区中町1-36-6
☎ —
㊕ 11:30〜完売次第終了
㊡ 土曜、日曜、祝日以外
※通常はプレーン、スパイス、チョコ、ショコラバスクの4種を販売

36

「cookie girl」の
フィナンシェとパウンドケーキ

バターと素材が豊かに香る
しっとり密度の焼き菓子。

白金台のワインバー「salt & plum」を間借りして日中限定で営業する「クッキーガール」。写真はオザキさんが愛おしそうにひとつひとつ手包みする焼き菓子。左：「甘夏のフィナンシェ」¥450　右：「紅茶と柑橘のパウンドケーキ」¥400

平日の日中限定でサンドウィッチと焼き菓子、デザートを提供する店「クッキーガール」。オーナーのオザキリエさんは「タテルヨシノ」「エスキス」「レフェルヴェソンス」で研鑽を重ねたパティシエール。口の中でじゅわっとバターを感じるリッチな「フィナンシェ」は、季節ごとの素材でさまざまな可能性を味わわせてくれる特別な焼き菓子です。

クッキーガール｜
cookie girl
東京都港区白金台5-18-18
☎ −
㊄ 10:00〜15:00
㊡ 土曜、日曜、祝日
Instagram:@cookiegirl
5084

「ASAKO IWAYANAGI PLUS」の
焼きタルト

旬の素材の贅沢な風味を五感で味わう。

定番の焼きタルト「半生チーズ」や「抹茶ショコラ」（各¥486）をはじめ、季節の定番として登場する「包種茶 ベリー マスカルポーネ」（¥540）など、季節ごとのフルーツや素材を使ったタルトが登場する。

アサコ イワヤナギ
プリュス｜
ASAKO IWAYANAGI
PLUS

東京都世田谷区等々力
4-4-5
☎ 03-6809-8355
㋐ 10:00～19:00
㋨ 月曜

旬のフルーツや自家製ドライフルーツ、ショコラやフロマージュなど、素材の持ち味を主役に焼き上げた「季節の焼きタルト」。しっかりと空焼きすることで叶えたサクッと軽やかな生地の食感。そこに広がる豊かなフルーツの甘味や酸味、フロマージュやショコラのなめらかなテクスチャー。季節ごとに入れ替わる味は全制覇したくなります。

「菓子屋 シノノメ」の焼き菓子

素材使いに新しさが宿る、ベーシックな焼き菓子。

左手前：定番人気の「ウーロン茶マドレーヌ」¥250、左奥：オレンジピールとレモンミンチの香りがアクセント「紅茶とオレンジピールのスコーン」¥300、右手前：金萱茶、ナッツとチョコがけの2種が楽しめる「ビスコッティ」¥380

菓子屋 シノノメ｜
Kashiya SHINONOME
東京都台東区蔵前4-31-11
☎ −
㊡ 12:00〜18:30
㊡ 水曜

アンティークの家具で設えた「菓子屋 シノノメ」のシックな空間。カウンターにずらりと並ぶのは、思わず日移りしそうな美しい焼き菓子たち。三重県産・黒烏龍茶を使った「ウーロン茶マドレーヌ」や、ミルクのような甘い香りが印象的な台湾産・金萱茶のビスコッティなど。さまざまな食文化への敬意も感じる素材使いの妙をぜひ体験してみて。

「メゾン・ダーニ」のガトーバスク

焼きたてがうれしい！本場さながらの味わい。

左奥：ローブリュー（十字）の模様を刻み、黒さくらんぼジャムを包みこんだ「ガトーバスク」。フランス産バターとスペイン産アーモンド、カソナードを融合したザクザクっとキレのある歯ごたえが後を引く。手前：冬季限定の「ガトーバスク オウ ボム」 各¥463

フランス各地の有名パティスリーで修行を重ねたパティシエ・戸谷尚弘さんによるバスク菓子専門店。フランスバスクの名店「ミルモン」から受け継いだ本場さながらの「ガトーバスク」は言わずと知れた店の看板商品です。期間限定の味を含む常時5〜6種の焼き菓子は朝7時から。1時間ごとに焼きたてが並ぶ気遣いもうれしいですね。

メゾン・ダーニ白金｜
MAISON D'AHNI
Shirokane

東京都港区白金1-11-15-1F
☎ 03-5449-6420
㊟ 7:00〜19:00
㊡ 火曜

「アコテ・パティスリー」の
焼き菓子

〝重すぎず軽すぎず〟が絶妙！香り豊かなフランスの郷土菓子。

ひとつひとつ素材へのこだわりを感じさせる焼き菓子は、増沢さんオリジナルの工夫とアイデアが詰め込まれている。写真は「フロンティエール」と「マドレーヌ・コメルシー」。※商品のラインナップは時期により異なります

フランス各地の名店を経て独立したパティシエ増沢正明さんの店「アコテ・パティスリー」。カウンターを隔てて厨房と対面に設えた店内には、ドゥミセック、フールセックが所狭しと並べられる。フランス菓子の伝統に忠実に、素材を吟味して丁寧に焼き上げられる焼き菓子は重すぎず軽すぎず。焼きたてを求めて、毎日でも通いたい一店です。

アコテ・パティスリー|
À côté Pâtisserie

東京都港区白金台2-5-11
☎ ‐
㊋ 10:00（月は11:00から）～
19:00（土祝は18:00まで）
※13:00～15:00は準備時間
㊡ 日曜、不定休

「エシレ・メゾン デュ ブール」の
マドレーヌ・ア・パルダジェ

バターの芳醇な香りも〝パルタージュ（分け合う）〟。

高級感漂うブルーのボックスを開けると芳醇なバターの香りとともに大きなマドレーヌが登場（思わず歓声！）。パン切りナイフを使ってお好みの厚さに切り分けて。¥4,000

AOP認定フランス産発酵バター「エシレ」世界初の専門店。エシレバターをふんだんに使って焼き上げる焼き菓子は変わらず多くのファンを惹き付けています。隠れた手みやげの逸品は、仏語で〝分け合う〟という意を纏った「マドレーヌ・ア・パルタジェ」。開けた瞬間に放たれるバターの芳醇な香りに、誰もが心ときめくひと品です。

エシレ・メゾン デュ ブール｜
ÉCHIRÉ MAISON DU BEURRE

東京都千代田区丸の内2-6-1 丸の内ブリックスクエア1F
☎ –
㊟ 10:00〜20:00
㊡ 不定休

「Made in ピエール・エルメ」の焼き菓子

エルメさんの日本愛が詰まった
ショップ限定スイーツ。

マカロンとメレンゲ、ナッツを大胆に融合したオリジナルスイーツ「ピスタチオのメレンゲ」¥350、"丸の内"にかけてチョコチップ入りフィナンシェ生地の真ん中に芳醇なガナッシュを使用した「丸の内チョコレート」¥500 ※季節によりフレーバーは異なります。奥は「バナナのマフィン」¥380

フードトレンドをけん引するピエール・エルメが "日本の素晴らしいもの" を発信するコンセプトショップ「Made in ピエール・エルメ 丸の内」。ここだけで販売する焼き菓子も数多くラインナップする同店では、マカロンとメレンゲを巧みなバランスで組み合わせたオリジナルスイーツや、丸の内限定の可愛い焼き菓子をマークして!

ピエール・エルメ
丸の内|
PIERRE HERMÉ
Marunouchi

東京都千代田区丸の内
3-2-3 二重橋スクエア1F
☎ 03-3215-6622
🕙 10:00〜20:00
🈺 無休

43

「ボートン菓子屋」の焼き菓子

国立の住宅街にたたずむ
焼き菓子好きのサンクチュアリ。

手前：フランス産小麦を使って香ばしく軽く焼き上げる季節のタルト（イチゴ・白あん・抹茶生地、柑橘・ピスタチオ）各¥460、右奥：一度味わったら忘れられないエアリー食感が印象的なアップルパイ ¥420、左奥：2層に仕立てたパウンドケーキも手みやげに人気。各¥390

小さなパティスリーカフェ「BORTON」は焼き菓子好きのサンクチュアリ。看板スイーツは、オーナー石川大輔さんが焼くこだわりのアップルパイと季節のタルトです。丁寧に折り込まれたパイ生地はサクサクっと軽い食感で、フィリングとの相性も絶妙。季節のタルトはほろっと繊細な歯ごたえで、旬の風味を惜しみなく楽しませてくれます。

ボートン菓子屋｜
BORTON

東京都国立市西2-9-74
☎ −
㋯ 11:00〜完売次第終了
㋠ 月曜、日曜、不定休

44

「OYATSUYA SUN」の
お菓子とグラノーラ

みんな大好きなおやつを甘さを抑えた素朴な味で。

手前：リベイクして味わいたいホットビスケット。春は新たまねぎ、夏はとうもろこしが登場。各¥325、右：甘さを抑え食感や風味の豊かさにこだわる自家製グラノーラ（メープルナッツグラノーラ）¥1,380、奥：筒入りクッキー（ココアアーモンド、ココナッツ）各¥630

国立駅に降り立ち、線路沿いにぐんぐん歩くと突然ぽつんと現れる小さなキオスク型の菓子店「OYATSUYA SUN」。甘さはぐっと控えめに、素材の風味を活かして焼き上げるホットビスケットは、特に冬季限定の「焼き芋」が美味！手みやげにはオリジナルボックスが可愛い自家製グラノーラや甘さ控えめのクッキーも人気です。

オヤツヤサン
OYATSUYA SUN

東京都国立市北2-12-13
☎ −
🕐 12:00〜17:00
㊡ 日曜〜水曜

「Megan bar & patisserie」の
ティグレ

捻りの利いたボックスに
幸せの味を詰め合わせて。

COUNT THE MEMORIES, NOT THE CALORIES

Megan - bar & pâtisserie
Traditional, Modern, Simple
and All Housemade

中央の溝部分に3種のチョコレートガナッシュを融合した「ティグレ」。サプライズな
気分で渡したくなる可愛い焼き菓子。¥1,500　※ガナッシュは季節により異なります

ミーガン
バー＆パティスリー｜
Megan bar & patisserie

東京都渋谷区東1-29-3
SHIBUYA BRIDGE B棟
1F
☎ 03-5962-7648
営 8:00〜23:30
（日月は17:00まで）
休 無休

「ミーガン バー＆パティス
リー」が、予約注文限定で
販売するオリジナル焼き菓
子「ティグレ」。「虎」を意
味するフランスの伝統菓子
で、アーモンド風味のしっ
とり生地には、"虎"の縞
模様をイメージしたチョコ
チップが練りこまれていま
す。プレーン、キャラメル
プラリネ、ピスタチオの3
種のガナッシュをオリジナ
ルボックスに詰め合わせて。

Beautiful Packaging

ついついパケ買いしたくなる
グッドルッキングな
缶・BOX・パッケージ

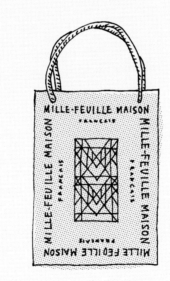

「ルルメリー」の
ショコラサブレ

チョコレート好きに贈りたい
さりげなく贅沢なサブレ菓子。

マカダミアナッツとヘーゼルナッツのサブレが入ったシックなデザインのボックスは、集めたくなる可愛さ！ 8枚入 ¥1,000、16枚入 ¥2,000 ※夏季は取り扱いなし

"ゆったり流れる、縷々とした時間" をテーマに、メリーチョコレートが提案するブランド「ルルメリー」。パッケージデザインが印象的な「ショコラサブレ」のフレーバーは2種。軽い口あたりのサブレ生地と香ばしいナッツの食感、口どけなめらかなチョココーティングのバランスが絶妙！贈る方もうれしくなる、小粋な手みやげスイーツです。

ルルメリー 丸の内店
RURU MARY'S

東京都千代田区丸の内
2-7-2 丸の内JPタワー内
商業施設「KITTE」1F
☎ 03-6256-0885
㋐ 10:00～22:00
㋺ KITTEに準じる

「ル サロン ジャック ボリー」の
プティ フール セック

M・O・F・シェフの感性が光る
ガレット＆フロランタン。

フランス国家最優秀職人章（M.O.F）の称号を持つジャック・ボリー氏ならではの感性がうかがえる端正なクッキー缶。ボリー氏を象徴する深みのあるグリーンが美しい！ ¥2,550

ルサロン ジャック・
ボリーラ・プティック
LE SALON JACQUES
BORIE LA BOUTIQUE
東京都新宿区3-14-1
伊勢丹新宿店本館地下1F
☎ 03-3352-1111
（伊勢丹新宿店代表）
🕙 10:00～20:00
🏖 伊勢丹新宿店に準ずる

日本におけるフレンチの第一人者、ジャック・ボリーのエスプリを受け継いだ「ル サロン ジャック・ボリー」。パリシックなデザイン缶が印象的な「プティ フール セック」は、アーモンドの香り豊かなガレットと、キャラメリゼしたナッツが食感豊かなフロランタンの詰め合わせ。手みやげにはもちろん、自分へのご褒美にもぴったりなひと品です。

「メゾン・ダーニ」のマカロンバスク

本場仕込みのバスク菓子をチャーミングな缶に詰めて。

"マカロン"の原型とも言われているバスク地方の伝統菓子「マカロンバスク」は飽きの来ない味も人気。日持ちを考えて中身は2個ずつ個包装になっています。24個入¥2,824

良質なスペイン産アーモンドと、風味豊かな徳島県産ハーブ卵を使って焼き上げられる「マカロンバスク」。伝統製法を忠実に再現した素朴な風味の焼き菓子は、「メゾン・ダーニ」で人気のひと品です。現地で活躍するアーティスト、パトリック・コシュが描きおろす温かみに満ちたイラストの缶は、食べ終わった後も愛でたいほどキュート。

メゾン・ダーニ白金｜
MAISON D'AHNI
Shirokane

東京都港区白金1-11-15-1F
☎ 03-5449-6420
㊗ 7:00～19:00
㊡ 火曜

「エシレ・パティスリー オ ブール」の
サブレ グラッセ

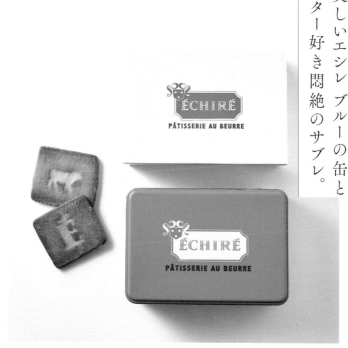

美しいエシレブルーの缶とバター好き悶絶のサブレ。

エシレの「É」と牛のモチーフ、2種のデザインで見た目も可愛い「サブレ グラッセ」。ほど良く食べごたえのあるサイズ感も◎です。10枚入¥3,500

**エシレ・パティスリー
オ ブール｜ÉCHIRÉ
PÂTISSERIE AU
BEURRE**
東京都渋谷区渋谷2-24-12
渋谷スクランブルスクエア
ショップ＆レストラン1F
☎ －
🕙 10.00～21:00
🈺 渋谷スクランブルスク
エアに準ずる

エシレ バターをふんだんに使った軽い食感のサブレに、エシレ バターと砂糖のグラッセを贅沢にかけた「サブレグラッセ」。バター好きにはたまらない焼き菓子です。ふわりと鼻を抜けるバターの爽やかな風味が印象的で、鮮度を保つための個包装もうれしい。蓋を開けると牛のマークがちょこんと顔を出すオリジナルのブルー缶も可愛いと評判です。

「UN GRAIN」の
アソルティモン プルミエ

手みやげ上級者も喜ぶ
スペシャルなクッキー缶。

すっとしたたたずまいのシンプルな缶の中に、ブールド ネージュやチュイル、ク
ロッカンやフロランタンなど、あえて食感の異なるクッキー12種を詰め合わせて。
¥3,982

アン グラン｜
UN GRAIN

東京都港区南青山6-8-17
プルミエビル1F
☎ 03-5778-6161
㊖ 11:00〜19:00
㊡ 水曜

ミニャルディーズ専門パ
ティスリー「アングラン」
の隠れた逸品「アソルティ
モン プルミエ」は、会員の
みが注文できるちょっと特
別なクッキー缶。通常販売
するプティフールセックに
ベルガモットやピスタチオ、
スパイスなどを駆使した限
定フレーバーを加えた12種。
風味豊かでありながら甘さ
控えめ。伝統菓子の旅も楽
しめるひと品です。

「資生堂パーラー」の
プティ フール セックとフリアン

千鳥格子のモダン柄。
銀座限定の焼き菓子。

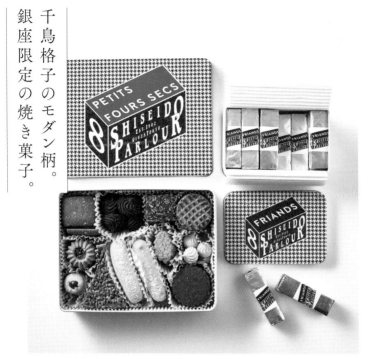

左：どこか懐かしく香ばしいクラシックな面立ちのクッキー11種がずらり。「プティ フール セック グラン」¥3,500、右：とうもろこしの粉を主体に生地を焼き上げ、バニラとレモン2種のクリームをサンドしたオリジナル菓子「フリアン」¥3,000

資生堂パーラー
銀座本店ショップ｜
Shiseido Parlour Shop

東京都中央区銀座8-8-3
東京銀座資生堂ビル 1F
☎ 03-3572-2147
⏰ 11:00～21:00
🈺 年末年始

資生堂パーラー銀座本店限定菓子は、クラシックな趣の千鳥格子柄の缶がレトロシックで新鮮。世代を問わず愛される「プティフール セック」は、フランス伝統の繊細な職人技にこだわり丁寧に焼き上げたクッキーの詰め合わせです。ふわっと繊細な口どけの生地が印象的な「フリアン」は、缶の中に美しく並ぶ金と銀の包み紙にも心ときめきます。

「ミルフィユ メゾン フランセ」の
ミルフィユ スペシャリテ

ブック型の箱も印象的な
銀座限定フィユタージュ菓子。

フランス産小麦を使用し幾層にも重ねたこだわりの生地に、ショコラとバニラの2種のクリームをサンドした定番商品「ミルフィユ スペシャリテ」4個入¥1,000、8個入¥2,000

ミルフィユ メゾン
フランセ │
**MILLE-FEUILLE
MAISON FRANÇAIS**

東京都中央区銀座3-6-1
松屋銀座B1F
☎ 03-6264-4240
㋭ 10:00〜20:00
㋭ 松屋銀座に準ずる

松屋銀座店限定のスイーツブランド「ミルフィユ メゾン フランセ」。美しいブック型のボックスは、"パイ生地"を表す "フィユタージュ" というフランス語が「本のページをめくる」という意味を持つことにちなんでいるそう。噛み締めるごとにバターが香るこだわりのフィユタージュに、甘さ控えめのクリームをサンド。軽い食感もこだわりです。

「umami nuts」の運 un

燻しカラーの缶もシックな
新感覚のプレミアム豆菓子。

薄紙でひとつずつ包装したナッツ菓子を詰め合わせたギフト缶「運 un」。ナッツ3種
（ピスタチオ、カシューナッツ、アーモンド）を塩と黒糖にほんのり絡めた大人向け
の豆菓子。¥5,000

ナッツ3種と黒糖の風味豊
かな豆菓子を、燻しカラー
の端正な缶に詰め合わせた
「運 un」は、お茶菓子やワ
インの供にも評判のひと品。
鹿児島の老舗豆菓子舗・大
阪屋製菓が世界に向けて発
信するプレミアム豆菓子
店「umami nuts」が、「和
掛け」「りん掛け」と呼ば
れる職人による伝統製法で
表現したモダンな豆菓子は、
大切な人への手みやげにも。

ウマミナッツ│
umami nuts

東京都千代田区丸の内
3-1-1 国際ビル1F
☎ 03-6273-4900
⏰ 11:00〜19:00
㊡ 日曜、祝日、年末年始

55

「HIGASHIYA」の采衣

シンプルな丸缶に詰め合わせた素朴な味わいの美しい蜜菓子。

たとえば冬季は柚子、人参、牛蒡（ごぼう）、しいたけ、レンコンなど、滋味あふれる野菜5種の蜜菓子が楽しめる「采衣」¥3,000 ※詰め合わせの内容は季節ごとに異なります。季節商品のため店頭にない場合もあります

ヒガシヤ特製の蜜菓子「采衣」。古来より保存食として用いられてきた蜜漬けを、厳選した野菜や果実に和三盆糖をまぶして仕上げた素朴な味わいのお菓子は、お茶やコーヒー、お酒とも好相性。数日かけてじっくり蜜煮し、ゆっくりと糖度を上げることで素材本来の色や食感を残した、丁寧な職人技を感じる味わいです。

ヒガシヤギンザ｜
HIGASHIYA GINZA

東京都中央区銀座1-7-7
ポーラ銀座ビル2F
☎ 03-3538-3230
㋐ 11:00〜19:00
㋡ 無休

「PRESS BUTTRER SAND」の
つつみ〈黒〉

モダン柄の風呂敷で包み上げた新たなるプレスバターサンド。

口に入れた時に割れやすいよう、力学的にデザインされたバターサンドの柄を引用した幾何学パターンの風呂敷は、日常使いできるモダンなデザインがうれしい。「つつみ〈黒〉」※バターサンド〈黒〉とバターサンド（各5個入）をセット。¥3,000

プレスバターサンド
東急フードショー
エッジ店｜
PRESS BUTTER
SAND

東京都渋谷区渋谷2-24-12
渋谷スクランブルスクエア
1F
☎ 0120-319-235
㊗ 10:00〜21:00
㊡ 無休

ザクっと力強い食感のクッキーに、生地の風味とベストバランスを奏でるバタークリーム&バターキャラメルをサンドした「プレスバターサンド」。年間2500万個を売り上げるバターサンド専門店が東急フードショーエッジ店で数量限定販売するのは、オリジナル風呂敷に包んだ新ギフト「つつみ〈黒〉」です。キュッと捻りの利いた手みやげに。

「タルティン」の洋菓子

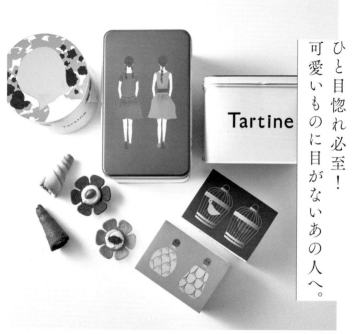

ひと目惚れ必至！
可愛いものに目がないあの人へ。

左上から：ラングドシャ生地に甘酸っぱい苺クリームを詰めた「ブーケ ミックス」7個入¥1,200、お花のかたちのタルト「タルティン」（2種）と「ブーケ」を詰め合わせた「タルティン 四角缶」（小）¥1,640（大）¥2,260、箱入り菓子「アーモンドチョコレート」、「ソーテルヌマスカット」各¥640

パッケージデザインが「可愛いすぎる！」と話題の洋菓子ブランド「オードリー」から、姉妹ブランドとして誕生した「Tartine」。主人公となる双子の姉妹の物語を紡ぐように展開する、缶や箱入りのオリジナル菓子はどれも〝双子〟でキュートな面立ち。可愛いものに目がないあの人に！

**タルティン 東武百貨店
池袋店｜Tartine**

東京都豊島区西池袋1-1-25
B1F
☎ 03-5992-8180
🕙 10:00〜20:00
㊡ 東武百貨店 池袋店に準ずる

※画像内の商品は季節により異なります

「NUMBER SUGAR」のキャラメル

多彩なフレーバーが楽しいフォトジェニックなキャラメル。

左：コンパクトな箱にクラシックキャラメル全12種を1粒ずつ詰め合わせた「12PCS BOX」¥1,100、ピンクの薔薇が可愛いボックスにNo.1～8の8粒を詰め合わせた「8PCS BOX」¥850

なめらかな口どけとともに、深みのある濃厚な味わいが後を引く、手作りキャラメル専門店「NUMBER SUGAR」のクラシックキャラメル。砂糖を焦がしてから生クリームを加える昔ながらの製法で作られたキャラメルは全12種類。フレーバーの味を示す番号をひとつひとつにナンバリングしたフォトジェニックな見た目にもキュンとします。

ナンバーシュガー｜
NUMBER SUGAR

東京都渋谷区神宮前
5-11-11 1F
☎ 03-6427-3334
🕐 11:00～20:00
㊡ 無休

「おかしやうっちー」の
6種のクッキー詰め合わせ

小麦粉や素材に焦点をあてた6種の食べ比べが楽しいひと缶。

6種のクッキーはどれもしみじみと滋味深く、素材が際立った風味が印象的。バターはミルクの旨みたっぷり、フランスAOPパンブリーバターを使用。ほのぼのタッチのイラスト缶も可愛い。「6種のクッキー詰め合わせ」30枚入¥3,704

パティシエ内山裕介さんのちょっとユニークな経歴を生かして「どの型にもはまらないお菓子」を提案する小さな店「おかしやうっちー」。アインコーン、スペルト、ロゼラ、古代米粉、トンカ、どんぐり、6種の小麦粉や素材を同じ配合で焼き上げた内山さんならではのマニアックなクッキー缶は、まずは自分へのご褒美に食べ比べてみて。

おかしやうっちー｜
Okashiya Ucchi

東京都渋谷区千駄ケ谷
3-27-9 ウェスト青山1F
☎ 03-6721-0277
㊋ 11:00〜18:00
㊡ 不定休

「カドー ナチュール」の ビスケット

やさしい素材にこだわった
子どもたちに食べさせたい味。

ボックスに詰め合わせたビスケットはどれもリッチなのにナチュラルな味わい。写真
はバター、フランボワーズ、キャラメルの3種。ほかにチョコ、レモンの風味をラ
インナップ。各4枚入￥800

オーガニックの原料にこだ
わり、ベルギーのアトリエ
で一枚一枚丁寧に焼き上げ
るスイーツ＆ティーブラン
ド「カドー ナチュール」
のビスケット。大自然で放
牧される牛のバターとベル
ギー産スペルト小麦を使用。
噛み締めるごとに口の中で
小さく弾けるぷちぷちの小
麦食感が味わい深く、子ど
もたちに食べさせたいやさ
しい風味が印象的。

カドー ナチュール｜
Cadeau Nature
東京都渋谷区渋谷2-21-1
渋谷ヒカリエShinQs 1F
☎ 03-6434-1567
㊗ 10:00〜21:00
㊡渋谷ヒカリエShinQsに
準ずる

プチプラ だけど 可愛いおやつ

「ヒトツブカンロ」の
ピュレショコラティエ

「資生堂パーラー」の
金平糖

「Ameya Eitaro」の **板あめ 羽一衣**

ポイっと口に含むだけで
幸せな甘さが広がる！

■ピュレショコラティエ（1.ストロベリー＆ビター、2.グレープ＆ホワイト、3.レモン＆ホワイト）各¥580。甘酸っぱくてジューシーな「ピュレグミ」にこだわりのベルギー産チョコレートをコーティング。■金平糖（4.ホワイト、ピンク、ミックス）各¥600。銀座本店ショップ限定商品。職人が昔ながらの伝統製法で、14日間もかけ結晶化させて作り上げる金平糖。■板あめ 羽一衣（5.ラズベリー×王林シードル、6.あまおう×ヨーグルト、7.宮古島マンゴー×大長レモン）各5枚入¥500。パリッと噛んだ後しゅわわっと溶けていく新食感。

ヒトツブカンロ｜
HITOTUBU KANRO

東京都千代田区丸の内1-9-1
JR東京駅構内B1F グランスタ
内　☎ 03-5220-5288　🕗 8:00
～22:00（日・連休の最終日
の祝日は21:00まで）🅷 無休

資生堂パーラー 銀座本店
ショップ｜
Shiseido Parlour Shop

東京都中央区銀座8-8-3
東京銀座資生堂ビル 1F
☎ 03-3572-2147
🕗 11:00～21:00
🅷 年末年始

あめやえいたろう
銀座三越店｜**Ameya Eitaro**

東京都中央区銀座4-6-16
銀座三越B2F
☎ 03-3562-1111
🕗 10:00～20:00
🅷 銀座三越に準ずる

「ドゥバイヨル」の コレクション エシレ サブレ

プチプラ

エシレ バターの贅沢風味を小さなバッグに詰めて。

贅沢風味のサブレを少しずつだけとシェアしたい！という気分にぴったりなプチプライスがうれしい。「コレクション エシレ サブレ」各3枚入¥500

手のひらサイズの可愛らしいミニバッグに、上質な素材で焼き上げたサブレを3枚詰め合わせた「ドゥバイヨル」の隠れた人気商品。AOP認定フランス産発酵バター「エシレ」を使用したサブレは、アマンド、シトロン、スペキュロスの3種類の風味をラインナップ。パッケージにはドゥバイヨルの"D"とエシレの"E"があしらわれています。

ドゥバイヨル
丸の内オアゾ店 |
DEBAILLEUL

東京都千代田区丸の内
1-6-4 オアゾ 1F
☎ 03-5224-3565
㈯ 9:00〜21:00
㈰ 丸の内オアゾに準ずる

「資生堂パーラー」の
キューブロックシリーズ

プチプラ

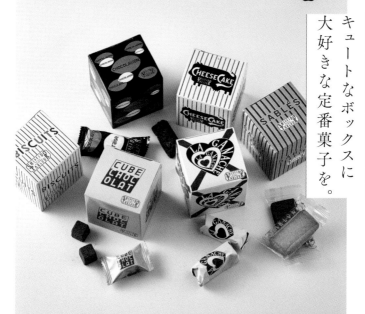

キュートなボックスに大好きな定番菓子を。

左奥から時計回り：「ショコラヴィオン」6個入¥475、「チーズケーキ」2個入¥625、「サブレ」6枚入¥450、「ラ・ガナッシュ」2種・各3個入¥550、「キューブショコラ」※冬季限定 8個入¥550、「ビスキュイ」2種・各3枚入¥475 ※エキュートエディション渋谷店ほか、エキュート店舗限定商品

**資生堂パーラー
エキュートエディション
渋谷店｜Shiseido Parlour**

東京都渋谷区渋谷2-24-12
渋谷スクランブルスクエア 1F
エキュートエディション
☎ 03-3409-5777
㋐ 10:00〜21:00
㋡ 渋谷スクランブルスクエア
に準ずる

チーズケーキやチョコレート、ビスケットなど、資生堂パーラーで定番人気の焼き菓子たちを可愛いキューブ型のボックス入りで提案する「キューブロックシリーズ」。どれも５００円前後という手頃さと、好きな味を少しずつ、6種類かられこれ組み合わせてプレゼントできる楽しさにもわくわくします。

「トラヤカフェ」の
ヨウカンアラカルト

プチプラ

Yokan à la carte

Various flavors of bite-sized Yokan can be devoured in a single mouthful. Savor one or two of these delightful treats depending on your cravings or mood.

Choco Cinnamon

Caramel

Matcha

2020.07.22

2020.07.22

2020.07.22

キャンディみたいにポップ！
サプライズなモダン羊羹

手を汚さずひと口で味わえる手軽さもうれしい「ヨウカンアラカルト」。写真はチョコシナモン、抹茶、キャラメルの3種×2（6個入）¥830

トラヤカフェが提案する新感覚の羊羹は、キャンディーのように個包装した「ヨウカンアラカルト」。チョコシナモン、抹茶、キャラメルの組み合わせや、いちご、ジンジャー、白みその組み合わせなど、時期によって変わる風味の取り合わせも楽しいひと品です。パッケージの虎は、グラフィックデザイナー仲條正義さんによるもの。

**トラヤカフェ・
あんスタンド北青山店｜
TORAYA CAFÉ・
AN STAND**

東京都港区北青山3-12-16
☎ 03-6450-6720
㊗ 11:00～19:00
㊡ 第2・第4水曜、
年末年始、夏季休業

「にほんばしえいたろう」のお菓子

プチプラ

種類の豊富さにも感激。
気軽さもうれしい和のおやつ。

左上から時計回り：榮太樓飴「梅ぼ志飴」、まころん「和三盆」、
「野菜かりんとう」、ピーセン「日本橋にんべん」かつ節、「磯ごろ
も いか ピーナッツ入り」、すべて¥200

飴、かりんとう、ピーセン、
豆菓子など、昔ながらの日
本のおやつがどれもひと袋
200円！ ずらりと並ぶ
可愛いお菓子を前に、選ぶ
プロセスからわくわくして
しまう「にほんばしえいた
ろう」のパッケージ菓子の
数々。「気軽に楽しめる和
のおやつ」は、手みやげ用
にあれこれ詰め合わせられ
るギフトボックスもおすす
めです。

にほんばしえいたろう｜
Nihonbashi Eitaro

東京都渋谷区恵比寿南
1-5-5 アトレ恵比寿3F
☎ 03-5475-8353
🕙 10:00〜21:00
㊡ アトレ恵比寿に準ずる

「銀座松崎煎餅」の瓦煎餅

プチプラ

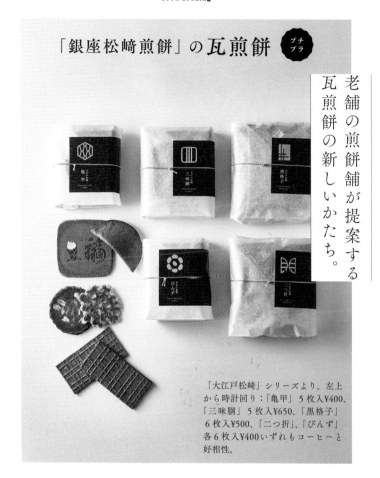

老舗の煎餅舗が提案する瓦煎餅の新しいかたち。

「大江戸松崎」シリーズより、左上から時計回りに：「亀甲」5枚入¥400、「三味胴」5枚入¥650、「黒格子」6枚入¥500、「二つ折」、「びんず」各6枚入¥400いずれもコーヒーと好相性。

創業は文化元（１８０４）年。現店主は八代目という江戸っ子老舗煎餅舗「銀座松崎煎餅」が、ブランドの看板商品「大江戸松崎三味胴」など瓦煎餅シリーズをモダンなパッケージで提案。なかには、ダンデライオン・チョコレートを使用した生地にカカオニブを入れた「黒格子」など斬新なものもあり、和洋融合の楽しさも魅力です。

銀座松崎煎餅｜
GINZA MATSUZAKI
SENBEI

東京都中央区銀座5-6-9
銀座F・Sビル
☎ 03-6264-6703
⊙ 11:00〜20:00
㊡ 年末年始

「kono.mi」の プティサック

プチ プラ

自然の恵みを凝縮、塩を利かせたプラリネ。

丁寧にローストしたナッツに黒糖を纏わせたオリジナル菓子で、フランスの伝統と日本の食文化の融合が味わえる「プラリネ プティサック入り」¥500。

日本橋のコレド室町にオンリーショップを構える日本初のプラリネ専門店「コノミ」。季節ごとに登場するプラリネ菓子を、家をイメージしたバッグ型ギフトボックスに詰めた「プティサック」は、見た目の可愛さがとにかく◎。マカダミアナッツなど3種のナッツをキャラメリぜし、ゲランドの塩をアクセントにした切れのよい味わいです。

コノミ｜kono.mi
東京都中央区日本橋室町
2-2-1 コレド室町1 1F
☎ 03-6262-3731
㊙ 10:00〜21:00
㊡ コレド室町に準ずる

"Handsome" Chocolat

ジェンダレスに贈りたい
"ハンサム"ショコラ

LE CHOCOLAT ALAIN DUCASSE

ショコラの芳醇な香りや口どけを
端正なボックスやコフレに詰めて。

アラン・デュカスの料理哲学に基づき、エグゼクティブシェフ、ジュリアン・キンツラーがショコラ本来の味わいや芳醇な香りから紡ぎ出すクリエイションは、その美しさにも心奪われます。さまざまな食感や風味の組み合わせが味わえる「ガトー・ド・ボワヤージュ」、産地別のカカオ豆3種の食べ比べができる「コフレ・カレ・デギュスタシオン」は、ショコラを愛する人へ選びたいひと品です。

ガトー・ド・ボワヤージュ

10個入（6種）/ 左上から時計回り：クッキー・オ・レザン、サブレ・ショコラ・バニーユ、ケーク・トゥ・ショコ、フィナンシェ・ノワゼット、ビスキュイ・サシェ、（ほかにブラウニー・ノワ・ド・ペカン）¥3,000

70

コフレ・カレ・デギュスタシオン

マダガスカル産とペルー産のショコラ・ノワールと、ジャワ産のショコラ・オ・レ、3種のカレを美しいボックス入りで。24枚入（3種）¥2,500

ル・ショコラ・アラン・デュカス 渋谷スクランブルスクエア|
LE CHOCOLAT ALAIN DUCASSE
東京都渋谷区渋谷2-24-12 渋谷スクランブルスクエア東急フードショー エッジ1F
☎ 03-6452-6190
🕐 10:00〜21:00 🗓 不定休

La Maison du Chocolat

創造性に満ちた老舗の味を
ショコラ愛が深いあの人へ。

マニアックなファンも多いフランスの老舗ショコラティエ「ラ・メゾン・デュ・ショコラ」。シェフ・パティシエ・ショコラティエ、ニコラ・クロワゾーの創造性に満ちた新作「タブレットデマント」や、「エフェルヴェソンス*」の名を持つ優雅で魅惑的なギフトボックスなど、カジュアルからハイエンドまで驚きに満ちたショコラに注目です。

＊仏語で「泡立ち・発泡」の意

エフェルヴェソンス

優雅さとお祝いの象徴ともいえるシャンパーニュ「ブリュット」と「ロゼ」のほんのりとした酸味、生き生きとした風味が楽しいガナッシュ2種の詰め合わせ。19粒（ブリュット12粒、ロゼ7粒）¥5,400

タブレットデマント

ショコラと素材の巧みなバランス
で新食感を叶えた「タブレット デ
マント」。上から：ライスパフ入り
ホワイトチョコレート「ブラン フ
リソナン」、クレープダンテル入
りダークチョコレートにパッショ
ンフルーツの風味を重ねた2層仕
立て「パッション ヴィブラント」、
アーモンド、ヘーゼルナッツ、ピ
スタチオを細かく砕きトッピン
グしたダークチョコレート「キャ
ヴァル フリュイセック」各¥2,200

ラ・メゾン・
デュ・ショコラ 丸の内店 |
La Maison du Chocolat

東京都千代田区丸の内3-4-1
新国際ビル1F
☎ 03-3201-6006
㋺ 11:00〜20:00
㋫ 年末年始

green bean to bar CHOCOLATE

オリジナルタブレット

使用する原料はカカオ
豆とオーガニックシュ
ガーのみ。厳選した純
度の高い素材を使うこ
とで叶えたクリアな味
わいで人気のタブレッ
ト。左上から時計回り：
東京-満月の塩- ¥1,800、
ベトナム70%、マダガス
カル70%、ナティーボ・
ブランコ（ペルー73%）
各¥1,500

ビーン・トゥ・バーの新しい世界を体感したい。

BEAN TO BAR（カカオ豆から板チョコレートまでの全工程をまかなう）スタイルを基本に、少量生産のオリジナルタブレットを和紙のアーティスティックなパッケージで提案するクラフトチョコレートメーカー「グリーンビーントゥバーチョコレート」。中目黒川沿いのアトリエ併設の店舗では、マニア悶絶のオリジナルスイーツも販売。フォトジェニックなチョコレートは、ギフトとしても人気です。

**グリーンビーントゥバー チョコレート 中目黒店｜
green bean to bar
CHOCOLATE**

東京都目黒区青葉台2-16-11
☎ 03-5728-6420
⊛ 11:00〜21:00
㋫ 水曜

エクレア

ビーントゥバープリン

奥：なめらか食感のチョコレートカスタードクリームと板チョコレートの食感、塩キャラメルソースの隠し味もバランスが絶妙！「エクレア」¥500、手前：ビーントゥバーのチョコレートを贅沢に使った濃厚プリン「ビーントゥバープリン」¥450

Minimal

ミニマル
パーティボックス

「会話が生まれるチョコレート」をテーマに、個包装のミニタブレットをポップなギフトボックスに詰め合わせ。24枚入（NUTTY/ FRUITY 各12枚）¥4,500

世代を問わず愛されるお菓子をミニマルならではのアレンジで提案。チョコレートの濃厚な味わいと黒糖のような甘やかな香り、底のざらめの食感が印象的。¥2,000

クラフト
チョコレートカステラ

新しい発見と会話が生まれる、ライフスタイル型チョコレート。

"必要最小限"の原料へのこだわりや、ジャリッ、ザクッという新食感、斬新な板チョコレートやパッケージのデザインなどで、さまざまな新境地を開拓する「ミニマル」。チョコレートの新しい楽しみ方を提案しています。

ミニマル 富ヶ谷本店｜
Minimal

東京都渋谷区富ヶ谷2-1-9
☎ 03-6322-9998
🕙 11:30〜19:00
㊡ 不定休

カカオの魅力を伝える
新しいアプローチ。

渋谷の人気パティスリー「フラクタス」渾身のチョコレート菓子「プティ・カカオ」は、パカリ社のクーベルチュール60%とクーベルチュールピウラ70%を融合した贅沢極まりない新食感チョコレート。中目黒の1ツ星レストラン「クラフタル」は、濃厚なチョコレートケーキ″オペラ″をサブレとグランクリュチョコレートのガナッシュで再構築。ワンランク上の手みやげに選びたい品です。

「クラフタル」の
オペラ

「フラクタス」の
プティ・カカオ

クラフタル | CRAFTALE
東京都目黒区青葉台
1-16-11 2F
☎ 03-6277-5813
⊕ 18:00〜23:00
（土日のみ11:30〜15:00も営業）
㋫ 火曜、水曜

フラクタス | FRUCTUS
東京都渋谷区渋谷2-24-12
渋谷スクランブルスクエア1F
☎ 03-3499-2727
⊕ 10:00〜21:00
㋫ 渋谷スクランブル
スクエアに準ずる

手前：「フラクタス」が″ひと粒の小さなカカオ″をイメージして提案する「プティ・カカオ」。パリッとした食感の後にくる芳醇なカカオ香、なめらかな口どけ感に悶絶。10個入￥2600
奥：ブック型ボックスにブック型オペラを詰め合わせた提案も斬新！「クラフタル」大土橋真也シェフの技とこだわりが詰まった新感覚スイーツ「CRAFTALE OPÉRA」12個入￥5,000

「ダンデライオン・チョコレート」の
ガトーショコラ

カカオ豆の魅力を引き出した
グルテンフリーのガトーショコラ

原材料はチョコレート、卵、バター、オーガニックのきび砂糖のみ。冷やすとレアな食感やカカオの重厚感が、常温では驚くほど豊かなチョコレート本来のフレーバーが楽しめる。¥3,600（木箱入）※オンラインでも販売あり

ダンデライオン・
チョコレート
Bean to Bar Lounge
表参道 GYRE ｜
Dandelion Chocolate

東京都渋谷区神宮前5-10-1
GYRE B1 HAY TOKYO 内
☎ 03-5962-7262
㋐ 11:00 ～ 20:00
㋡ 不定休

チーズケーキのような芳醇な味わいに驚く人も多い「ダンデライオン・チョコレート」のオリジナルガトーショコラ。シングルオリジンのインド産カカオ豆（アナマライ）を使用し、さらにグルテンフリーなのもうれしい。ヨーグルトやサルタナレーズンなどの味わいをもつカカオならではのユニークな余韻・口どけ感は、お酒とも好相性です。

High Quality Hotel's Souvenir

とっておきの気持ちを伝える
ハイエンドな
ホテル手みやげ

スフレショコラ

生菓子も焼き菓子も
至福のラインナップ。

ドミニカ産58%とエクアドル
産70%のオーガニックカカオ
の芳醇な風味をあますことな
く焼き上げた「スフレショコ
ラ」。5個入¥1,150 ※完全予
約販売

フィオレンティーナ ペストリー ブティック
Fiorentina Pastry Boutique

東京都港区六本木6-10-3 グランド ハイアット 東京1F
☎ 03-4333-8713
㊦ 9:00〜22:00（ケーキ・タルトの販売は10:00から）
㊡ 無休

世界の製菓大会にて優勝・受賞を果たすパティシエを多く輩出するグランド ハイアット 東京「フィオレンティーナ ペストリー ブティック」。グランクリュ カカオの芳醇な香りと、繊細な口どけが印象的な「スフレフレショコラ」は隠れた人気アイテムです。また、急な手みやげには、色とりどりのクッキー＆コンフィズリー（約17種）のなかから自由に詰め合わせられる「ハンパー」もおすすめ。

シーズナルハンパー

クッキー、チョコレート、メレンゲなど、約17種の商品から自由に組み合わせられる「シーズナルハンパー」。写真は各¥500のクッキー＆コンフィズリー８種をアレンジした「シーズナルハンパーL」¥4,000〜

楚々とした日本の美を感じる
オリジナルギフト。

「アマン東京」では、和の
インスピレーションを感じ
る美しいたたずまいのオリ
ジナルギフトをラインナッ
プ。総料理長自ら農園に足
を運び、厳選した素材で提
案する特製ジュース「アマ
ン東京オリジナルジュー
ス」や、エグゼクティブペ
ストリーシェフ宮川佳久さ
んによるスイーツを詰めた
小箱を、自在にカスタマイ
ズできるオリジナルギフト
ボックス「KOBAKO」が
評判です。

アマン東京オリジナルジュース

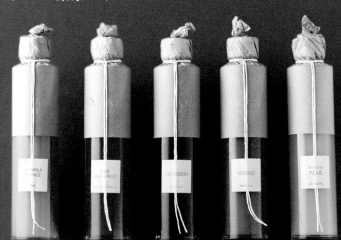

和歌山県産の契約農園の厳選フルーツで提案する「アマン東京オリジナルジュース」。不
知火オレンジ、ピンクグレープフルーツ、クランベリー、マンゴー、季節の果実の5種
をラインナップ。各¥980、2種詰め合わせ¥2,400、5種詰め合わせ¥4,700

アマン東京 KOBAKO

ザ・カフェ by アマン｜
THE CAFE by AMAN

東京都千代田区大手町1-5-6 大手町タワ

☎ 03-5224-3339

⌚ 7:00〜22:00（平日のみ）

㉁ 無休

左ボックス：パウンドケーキ（柚子とレモン¥2,200）と小箱4箱（ピスタチオのマドレーヌ、パートドフリュイ、シナモンパイ、ドラジェ各¥1,100）でアレンジした「KOBAKO」¥6,600。右ボックス：小箱3箱のアレンジ（中身はくるみ3種：宇治抹茶/和三盆きな粉/南仏ハーブ）¥3,600

昨年、新生ブランドとして誕生した「ジ・オークラ・トーキョー」。長く愛されてきた伝統のスイーツなどを集めた「シェフズガーデン」では、老舗とコラボレーションした和菓子、オリジナルブレンドのフレーバーティー、ホテルの意匠 "石畳文様" を市松で表現した缶入りサブレなど、「ここだけの」手みやげが見つかります。

シェフズガーデン｜
Chef's Garden

東京都港区虎ノ門2-10-4
オークラ プレステージタワー5F
☎ 03-3505-6072
㋜ 6:30〜22:00
㋟ 無休

84

スペシャル
アイスティーボトル

金柑羊羹

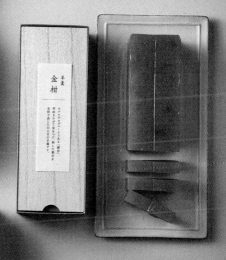

サブレ市松

最高品質を体感させてくれる
ワンランク上の手みやげを。

左上から時計回り：パリ発の紅茶専門店との出会い。「ベッジュマン
＆バートン × The Okura Tokyo スペシャルアイスティーボトル」（エ
デンローズ／ルイボス ジャルダン ルージュ／ディブレイク）各250ml
3本入り箱¥2,800、老舗とのダブルネームが叶えた特別な和菓子。
「赤坂塩野 × The Okura Tokyo 金柑羊羹」¥3,500、開けた瞬間にた
め息がもれるサブレ16種の詰め合わせ。「サブレ市松（大）」¥5,500

ホテルメイドのグルメを特別なボックスに詰めて。

ザ マンダリン オリエンタル 東京 グルメショップ｜
The Mandarin Oriental Gourmet Shop

東京都中央区日本橋室町 2-1-1 1F
☎ 0120-806-823
🕐 7:30〜20:00（土日祝は9:00〜19:00）
🅷 無休

ブレンドティー
パウンドケーキ

ブレンドティー

左：華やかな香りとすっきりとした後味が人気。「マンダリン オリエンタル 東京 ブレンドティー」（茶葉50g）¥1,800、右：「マンダリン オリエンタル 東京 ブレンドティー パウンドケーキ」¥2,700　※プレミアムギフトボックス（箱）は別途料金がかかります

プレミアム
チョコレートバー
アラグアニ72%

上：力強い苦味のベネズエラ産アラグアニ72%とキャラメリゼしたヘーゼルナッツ、ジンジャーコンフィのぴりっとする辛みを融合した大人のためのチョコレート。「プレミアム チョコレートバー アラグアニ72%」¥2,400（桐箱入）、下：ホテルオリジナルキャラクター「KUMO® ちゃん」¥1,000

中央通りに面したカフェも人気の「マンダリン オリエンタル 東京 グルメショップ」では、毎朝焼き上げるブレッドやケーキをはじめグルメアイテムを幅広くラインナップ。手みやげの定番は、オリジナルのブレンドティーとその茶葉を使ったパウンドケーキの詰め合わせです。おいしいものを知るあの人には、こだわりのバランスを叶えたあのホテルロゴ入りのチョコレートバーがおすすめ。

KUMO ちゃん

ジャージークリームの
ストロベリーショートケーキ

ザ・ペニンシュラ ブティック＆カフェ
THE PENINSULA BOUTIQUE & CAFÉ

東京都千代田区有楽町1-8-1
ザ・ペニンシュラ東京B1F
☎ 03-6270-2888
⏰ 11:00〜18:00　㊡ 無休

純白のクリームと紅色のコントラストが
美しい、プレミアム感漂うショートケー
キ。香り高いキルシュのシロップに漬け
込んだスポンジ、ジャージー牛乳のなめ
らかなクリーム、フレッシュなイチゴを
惜しみなく使った人気の品。12cm¥3,300

グルメなあの人へ贈る
ホテルメイドの隠れた逸品。

ホテル地階「ザ・ペニンシュ
ラ ブティック＆カフェ」に
は、まだまだ知る人ぞ知る
隠れた逸品がずらり。なか
でも注目したいひと品が、
ドラマチックなデザインの
アントルメ「ジャージー
クリームのストロベリー
ショートケーキ」です。ま
た、リピーターも多い「こ
く生ブリオッシュ」は一度
味わうと忘れられないおい
しさ。どちらもスイーツ好
きの心を掴む手みやげ
です。

こく生
ブリオッシュ

バターが贅沢に香る風味豊かなブリオッシュの中
に2層のクリームがたっぷり。カスタード味は
アプリコットリキュールで香り付けしたカスター
ドクリームが主役。チョコレート味はカカオのク
リームを芳醇な2層仕立てに。1個¥380

上質なアイテムが物語る
色褪せないホテルの魅力。

パーク ハイアット 東京 デリカテッセン
／ペストリーブティック
PARK HYATT TOKYO

東京都新宿区西新宿3-7-1-2
パーク ハイアット 東京1F・2F
☎ 03-5323-3635（デリカッセン）、
☎ 03-5323-3462（ペストリー ブティック）
㉆ 11:00〜19:00　㉅ 無休

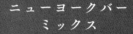

ニューヨークバー
ミックス

PASTRY BOUTIQUE
PARK HYATT TOKYO

大和茶ショコラ

左：奈良・井ノ倉茶園内にあるホ
テル専用茶畑で栽培された最高級
煎茶「大和茶」の抹茶を使用した
ボンボンショコラ。16個入¥4,850。
右：ニューヨーク バーで出され
るおつまみはホムパの手みやげに
喜ばれるひと品。¥950

スタイリッシュな都市型ラグジュアリーホテルとして、開業25年を経ても変わらぬ人気を誇る「パーク ハイアット 東京」。ホテル2階「ペストリーブティック」と、1階「デリカテッセン」はグルメな手みやげが集まるアドレスとして便利なスポットです。定番人気のボンボンショコラや、ニューヨークバーで生まれた隠れた人気商品、25周年を記念して登場したオリジナルブレンドティーやマイボトルなど、気になるアイテムが目白押し。

マイボトル

レモン
グリーンティー

奈良・井ノ倉茶園による最高級煎茶でつくられた「レモングリーンティー」¥2,000は、環境に配慮したコンセプトとデザイン性に定評があるNY発「スウェル」製「マイボトル」と合わせるとスペシャルなギフトアイテムに。いずれも結城美栄子さんのイラスト入り。※「マイボトル」は2サイズ3色（白・黒・グレー）。S（260ml）¥4,500、L（500ml）¥6,500

ORIGAMI 真 角食パン

良質なバターや生クリーム、卵をふんだんに使い、きめ細やかで濃密な生地に焼き上げた至福のホテルブレッド「ORIGAMI 真 角食パン」¥1,100

ホテルベーカリーの贅沢レシピを手みやげに。

地下2階「ペストリーブティック ORIGAMI」では、ホテルベーカリーならではの贅沢なレシピで提案されるプレミアムブレッド「真 角食パン」や、ホテル伝統のロングセラー商品「バナナブレッド」、こだわりのブリオッシュ生地を使ったブリオッシュ生地にバニラビーンズ香るクリームをたっぷり詰めた「ブリオッシュ・クレーム」など、ベーカリーアイテムが手みやげの定番として人気です。

ペストリーブティック「ORIGAMI」
Pastry Boutique "ORIGAMI"

東京都千代田区永田町2-10-3 B2F
☎ 03-3503-0208
㋐ 11:00〜20:00（土日祝は11:00〜
18：00）
㋡ 無休

ブリオッシュ・
クレーム

バナナブレッド

右：1963年"ORIGAMI"創業以来、愛され続ける手みやげの定番「バナナブレッド」。バター
を使わず完熟バナナ（2本）の風味を余すことなく焼き上げたしっとり生地のケーキパン。L
サイズ（17cm）¥1,300、左：バニラビーンズの香りが贅沢！ ひとつずつ箱に包装されるホテ
ル謹製のクリームパン「ブリオッシュ・クレーム」¥450

パレスホテル東京特選豆菓子4種詰め合わせ

香ばしい黒大豆に風味豊かな抹茶ミルクを巻き込んだ「抹茶黒大豆」をはじめ、「黒糖落花生」「あおさ豆」「醤油豆」計4種のHIGASHIYA×パレスホテル東京の豆菓子詰め合わせ。¥3,000

美しい和の面立ちで
心掴むスイーツの数々。

「パレスホテル東京」の地階「スイーツ＆デリ」では、焼き菓子、ケーキ、ショコラなどのホテルメイドスイーツや、デリ、パン、パッケージフードなどを多彩にラインナップしています。ホテルのシグネチャーアイテムとして人気の「千代ちょこ」や、和菓子ブランド「HIGASHIYA」とのコラボレーションで生まれたオリジナル商品など、和の面立ち美しいアイテムの数々に注目です。

千代ちょこ

パレスホテル東京
スイーツ＆デリ｜
PALACE HOTEL
TOKYO
Sweets & Deli

東京都千代田区丸の内
1-1-1 パレスホテル東京
B1F
☎ 03-3211-5315
㋺ 10:00〜20:00
㋭ 無休

江戸千代紙や着物の模様など、日本の伝統美
を取り入れながら一枚一枚丁寧に仕上げた
フォトジェニックなチョコレート。6種6
枚入¥2,600、12種12枚入¥5,200（9×9cm）

女子会を盛り上げるスタイリッシュなスイーツ。

ラグジュアリーライフスタイルホテル「アンダーズ東京」。カフェ併設ブティック「ペストリーショップ」では、美しい生菓子や焼き菓子、ショコラなど、見た目もスタイリッシュなスイーツをラインナップ。なかでもイチ押しは、シーズンごとの旬なフルーツやゼリー、スイーツをジャーに入れて提案する「スイートジャー」。女子会などでわいわいシェアして盛り上がれるひと品です。

スイートジャー

アンダーズ東京　ペストリーショップ｜
Andaz Tokyo Pastry Shop

東京都港区虎ノ門1-23-4
虎ノ門ヒルズアンダーズ東京1F
☎ 03-6830-7765
🕐 8:00〜20:00（土日祝は10:00から）
休 無休

定番のプリンのほか、季節ごとに変わるフレーバーも楽しい「スイートジャー」。左から「ピスタチオルージュ」、「マンゴープリン」、「紅茶のサバラン」、「カルディ」、「プリン」各¥650

兄の終い

警察署からの電話で兄の死を知った。10歳の彼の息子が第一発見者だった。周りに迷惑ばかりかける人だった。離婚して7年。体を壊し、職を失い、貧困から這いあがることなく死んだその人を弔うために、元妻、息子、妹である私が集まった。怒り、泣き、ちょっと笑った5日間の実話。

村井理子 著　　　　　　　　　　●本体1400円／ISBN978-4-484-20208-2

同僚は外国人。
10年後、ニッポンの職場はどう変わる!?

AIに仕事を奪われる前に、あなたにとって代わるのは外国人かもしれない！　行政書士として、外国人の在留資格取得や起業支援を手掛け、「彼ら」を熟知する著者が、近未来に向かって急速に進む労働力の多様化と、それが私たちの生活や人生設計にどう関わってくるのかを解説。

細井聡 著　　　　　　　　　　●本体1600円／ISBN978-4 484-20209-9

脳をスイッチ！
時間を思い通りにコントロールする技術

時間管理ができないのは「性格」のせいだと思っていませんか？　実はそれは、大きな勘違い。時間管理に必要なのは「脳」に指令を出す「技術」です。本書では、時間管理を脳の問題としてとらえ直します。そして、その脳の働きをスイッチのようにパチンと切り替える技術を使って、思い通りに行動できる自分をつくっていきましょう。

菅原洋平 著　　　　　　　　　　●本体1500円／ISBN978-4-484-20211-2

---

madame FIGARO BOOKS

贈りもの上手が選ぶ、東京手みやげ＆ギフト

ワンランク上のグルメ情報にも定評のある雑誌「フィガロジャポン」が、上品でハイセンスな東京手みやげ＆ギフトの選び方を提案します。グッドルッキングなおやつから、人気パティスリーのスペシャリテ、上質ホテルスイーツ、ホムパの主役グルメ、ライフスタイルギフトまで。もちろん、美味しさは折り紙付き。眺めているだけでも心癒される一冊です。

フィガロジャポン編集部 編　　　　　　　　　　●本体1350円／ISBN978-4-484-20212-9

※定価には別途税が加算されます。

CCCメディアハウス 〒141-8205 品川区上大崎3-1-1 ☎03(5436)5721
http://books.cccmh.co.jp ￼cccmh.books ￼@cccmh_books

HOTEL CHINZANSO TOKYO ホテル椿山荘東京

都心の森にたたずむホテルで数量限定の特別アイテムを。

メイプルロールケーキ

最高級メイプルシュガーをふんだんに使用した「メイプルロールケーキ」。米粉を使った生地はしっとり軽い口あたり。メイプルの上質な甘さとコーヒーのほろ苦さのマリアージュが楽しいスイーツ。¥2,800 ※一日1本限定。予約可

ラボッシュ

パリパリとした食感の、薄焼きチーズクラッカー。そのままでもワインやお酒の供にもおいしい、食事に華を添えるひと品。¥600 ※一日11箱限定

都心にありながら、森のような庭園の中に建つホテル「ホテル椿山荘東京」。ホテル内にある「セレクションズ」で、予約してでも押さえたいのは、数量限定の贅沢なロールケーキやラボッシュです。

ホテル椿山荘
「セレクションズ」｜
HOTEL CHINZANSO
Selections
東京都文京区関口2-10-8
ホテル椿山荘東京3F
☎ 03 3943-7613
⏰ 8:00〜20:00　⊕ 無休

97

至福！「生地」と「クリーム」のこだわりスイーツ

手みやげスイーツとしても絶大な人気を誇る「どら焼き」と「ロールケーキ」。
その最大の魅力は「ふんわり、しっとり生地」と「なめらかなクリーム・餡」の
黄金比です。"幸せの黄金比" を叶える東京手みやげスイーツ2品をご紹介。

生どらモンテビアンコ

料理とワインのアッビナメントを提案する西麻布の小さな隠れ家イタリアン「マーレキアーロ」。同店の隠れた人気メニューが、どら焼きにヒントを得て考案された和伊融合のオリジナルスイーツ「生どらモンテビアンコ」です。丁寧に焼き上げたふんわり生地、なめらかな口あたりのマスカルポーネとイタリア栗のペースト、香り豊かな和栗の組み合わせは、何度食べても飽きないレストランならではの贅沢な味わいです。

4個入¥2,000 ※6個入¥3,000 もあります。（要予約）
マーレキアーロ｜MarechiAro　東京都港区西麻布2-24-9　☎ 03-3486-6310　🕐 18:00～23:30
🈡 日曜 ※商品の受け渡しは午後より相談可。電話にて確認を

キハチトライフルロール®

1992年、「KIHACHI」が当時は珍しいフレッシュフルーツ入りロールケーキとして考案したのが「キハチトライフルロール®」のはじまり。2種類のクリームとその時期に一番おいしい5種類のフルーツを、しっとりふんわり至福のスフレ生地で巻き込んだ贅沢ロールは、今も絶大な人気を誇るシグネチャースイーツです。濃厚なのに軽やか。熟練のパティシエが叶えるフルーツ×クリーム×生地の黄金比はほかにはないおいしさです。

1カット¥580、約14cm¥2,300 ※予約のみ28cm¥4,600
パティスリー キハチ｜PATISSERIE KIHACHI　東京都新宿区新宿3-14-1伊勢丹新宿店本館
B1F　☎ 03-3355-9085　🕐 10:00～20:00　🈡 伊勢丹新宿店に準ずる

Modern Japanese sweets

モダンな捻りを利かせた
インパクト大の上質和菓子

「HIGASHIYA」の柿衣

市田柿をまるごと使った冬が待ち遠しい贅沢和菓子。

真田紐で結んだ桐箱入りの美しいパッケージに、ひとつひとつ丁寧に包装される「柿衣」。半分にカットするほか、冷たいうちに薄くスライスしてもおいしい。8個入￥3,980
※冬季限定商品

日本古来の食文化を現代に合わせた解釈で提案する和菓子店「HIGASHIYA」。季節限定で提案する数あるお菓子のなかでも特別な存在感を放つのが「柿衣」です。長野県産の市田柿をまるごとひとつ使い、中には素焚糖を使った特製の白餡と薄切りバターを挟み、上南粉で仕上げた美しいひと品。お茶はもちろん、お酒の供にも喜ばれます。

ヒガシヤギンザ
HIGASHIYA GINZA

東京都中央区銀座1-7-7
ポーラ銀座ビル2F
☎ 03-3538-3230
㋐ 11:00〜19:00
㋫ 無休

「BE A GOOD NEIGHBOR COFFEE KIOSK」
×「昆布屋孫兵衛」の どら焼き

ふんわりした口あたりの生地がやさしい「どら焼き」1個¥260。暖かい季節は「コーヒー牛乳シロップ」（250ml ¥1,472）で作るアイスドリンクと合わせて。

コーヒーの供に選びたい！モダンな老舗製どら焼き。

ビー ア グッド ネイバー
コーヒー キオスク｜
BE A GOOD
NEIGHBOR COFFEE
KIOSK
東京都渋谷区千駄ケ谷3-51-6
☎ −
🕘 8:30〜18:00（土日祝は
11:30〜17:00）
🈺 年末年始
HP：https://beagoodneighbor.
net/

福井で230年もの伝統を繋ぐ和菓子店「昆布屋孫兵衛」と、千駄ヶ谷「BE A GOOD NEIGHBOR COFFEE KIOSK」のコラボが叶えたスペシャルなどら焼きです。ふっくら生地に大粒餡がたっぷり。不思議なほどコーヒーと好相性です。イラストレーターNoritakeさんが描く〝男の子〟の焼き印がモダンな雰囲気。

「タケノとおはぎ」の
ミモザのおはぎ

意外性たっぷり、旬のフルーツ×餡がマッチ。

春から夏にかけて登場する「ミモザ」は、カクテルにヒントを得たオレンジのシャンパン煮を餡に混ぜ合わせたひと品。オレンジピールと果肉が後味爽やか。 1個¥305

季節ごとの素材を餡と巧みに融合させながら、色とりどりの芸術的なおはぎを提案する「タケノとおはぎ」。常時7種類を展開するラインナップは定番のこし餡と粒餡のほか、たとえば春先は八重桜やイチゴ、夏はチェリー、バナナ、デコポンといった具合に意外なフルーツと餡、餅米の三位一体が楽しめます。わっぱに入ったルックスも素敵。

タケノとおはぎ
学芸大学店｜
TAKENO TO OHAGI

東京都目黒区中町1-36-6
イトウビル1F
☎ 03-5725-1533
㋤ 12:00〜18:00（売り切れ次第終了）
㋡ 月曜、火曜

102

「たねや」のたねやレーズンサンド

和菓子の発想から生まれた
新感覚のレーズンサンド。

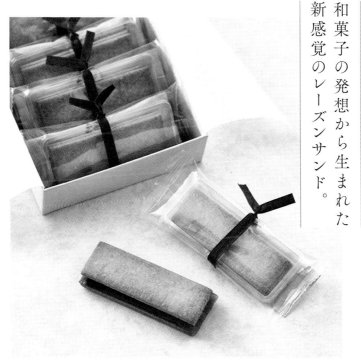

個包装されるサブレ2枚と餡を食べる直前にサンドするアイデアは、「たねや初伝 手づくり最中」にヒントを得たものだそう。「たねやレーズンサンド」6個入¥1,300

滋賀県近江八幡発祥の和菓子店「たねや」が日本橋高島屋限定で販売する「たねやレーズンサンド」は、食べる直前にサブレで「餡」をサンドするプロセスも斬新なひと品。サクサクのサブレと意外な出会いを果たすのは、ラム酒に漬けたレーズンと白味噌餡。普通のお菓子じゃ飽き足りないグルメなあの人に選んでみては？

たねや 日本橋高島屋店｜
**Taneya Nihombashi
Takashimaya**

東京都中央区日本橋2-4-1
日本橋高島屋 S.C.本館B1F
☎ 03-3211-4111
㋺ 10:30〜19:30
㊡ 日本橋高島屋 S.C.本館
　に準ずる

「くろぎ茶々」の
常葉・白練

端正な和の面立ちの
新感覚お抹茶スイーツ。

宇治抹茶入りの鶯きな粉と黒蜜をかけ、もっちりなめらかな食感の葛羹と、爽やかな
クリームチーズとのハイブリッドを楽しみたい。「常葉・白練」¥2,700

京都の老舗茶舗「福寿園」
が話題の店を数々展開する
料理人・黒木純氏とのコラ
ボで提案する「くろぎ茶々」。
和のたたずまい美しい同店
でまず選びたいひと品は、
創作和菓子「常葉」です。
なかでも、風味豊かな宇治
抹茶と丹念に練り上げた葛
羹を、国産クリームチーズ
に重ね2層に仕立てた「白
練」は意外性に満ちた新感
覚和スイーツです。

くろぎ茶々｜
Kurogi Chacha

東京都中央区銀座6-10-1
GINZA SIX B2
☎ 03-6264-5754
㋺ 10:30〜20:30
㋙ GINZA SIXに準ずる

A popular patisserie's speciality

知っておきたい！
人気パティスリーの
スペシャリテ

「INFINI」の
パルファンとショコラテ 土佐

繊細な口どけと香り、
国産素材の新たな魅力。

左と右：バラ、ジャスミンのブリュレとイチゴのジュレ、ベルガモットが醸す華やか
な香りのなかに優美さをたたえた「パルファン」¥600。中：和紅茶のムースとカカ
オのエキゾチックフレーバーが奏でる香りを楽しむひと品「ショコラテ 土佐」¥520

「アングラン」で活躍した金井史章さんが2020年1月に開店した「アンフィニ」。スペシャリテは、国産ベルガモットにバラやジャスミン、イチゴを融合した「パルファン」と、紅茶に似た香りを持つクーベルチュール〈マランタ61〉と霧山茶園の和紅茶を組み合わせた「ショコラテ 土佐」。繊細な口どけとともに放たれる香りにため息がもれます。

アンフィニ｜INFINI
東京都世田谷区
奥沢7-18-3 1F
☎ 03-6432-3528
㋐ 11:00〜19:00
（日祝は変動あり）
㋡ 水曜（火曜不定休）

「Atsushi Hatae」のグルマンディーズと
グリオットピスターシュ

一度味わうと忘れられない緻密に構成された味覚世界。

フォトジェニックなビジュアル、驚きに満ちたプチガトーは手みやげにぴったり。手前：「グルマンディーズ」¥700、奥：「グリオットピスターシュ」¥600

波多江篤シェンのスイーツは「記憶に残るお菓子」がテーマ。紅茶味のガナッシュに、キャラメルと柑橘のクレームショコラ、プラリネを重ねた「グルマンディーズ」。濃厚なピスタチオとまろやかなホワイトチョコレートムースに酸味を添えた「グリオットピスターシュ」。ひと口ごとに緻密に構成された味覚世界へと誘います。

アッシ ハタエ代官山店｜
Atsushi Hatae

東京都渋谷区猿楽町17-17
MH代官山1F
☎ 03-6455-2026
⊕ 11:00〜19:00
㊡ 月曜

「アン ヴデット」の
モンブランカシス

ジャーの中で層を成す魅惑のモンブラン。

クッキークランブルの上には甘味を抑えたバニラムース、カシスのジュレ、栗の甘露煮とシャンティーを重ね、その上に風味豊かなマロンクリームをたっぷりのせて。¥700

アン ヴデット
渋谷スクランブルスクエア
EN VEDETTE
shibuya scramble square

東京都渋谷区渋谷2-24-12
渋谷スクランブルスクエア
1F
☎ 03-6450-6755
🕙 10:00～21:00
🈺 渋谷スクランブルスク
エアに準ずる

森大祐シェフの人気パティスリー「アン ヴデット」の2号店。そのショーケースでひときわ存在感を放つのが、渋谷店限定のヴェリーヌ「モンブランカシス」です。なめらかなクリーム、大粒の栗、クランブルの食感、マロンクリームのコクとカシスの酸味の対比が楽しいひと品。〝アン ヴデット*〟の名にふさわしい魅惑のスイーツです。

*仏語で「主役」の意

「Libre」の
3種のショートケーキ

緻密に計算された味覚の〝新境地〟。

左から「Yellow」、「Red」、「White」各¥780。「Red」は芳醇な紅茶が香るホワイトチョコレートムースの内側にイチゴがひと粒まるごと。「White」は、クリームチーズのムース、クランブル、蜂蜜で構成されています。

「リーブル」の田熊・衛シェフが作るユニークなフォルムの3種類のショートケーキは、シンプルな外観とは裏腹にエキセントリックな食感とレシピが印象的。パッションフルーツのムースの中に、柚子クリームとパイ生地、マンゴーのジュレの層を重ね合わせた「Yellow」など、斬新な風味の展開が楽しい新感覚ショートケーキです。

リーブル｜Libre
東京都港区白金1-15-36 1F
☎ 03-644/-7077
㋠ 10:00〜16:00（パティスリー）、18:00〜21:00（レストラン）
㋡ 不定休

「LESS」の苺のタルト

薄いスペルト小麦タルト生地に島豆腐で作るなめらかな豆腐クリームを詰め、ローゼルのジャム、フレッシュ苺とジュレシート、梅干し、味噌、バニラの隠し味に驚きを秘めた、風味豊かな「苺のタルト」¥800 ※完全予約制

パティシエとして国内外の著名店で華麗なる経歴を重ねてきたガブリエレ・リヴァさんと坂倉加奈子さんがタッグを組んだパティスリー「LESS」。3章でご紹介するパネットーネをはじめ、みずみずしさが圧巻のタルトや、まるで生菓子のようなクッキーなど、魅惑のスペシャリテで新たな食の歓喜の世界へと誘います。

レス｜LESS

東京都目黒区三田1-12-25
金子ビル1F
☎ 03-6451-2717
⊗ 11:00〜19:00
⊛ 不定休

「UN GRAIN」の ミニャルディーズ

複雑で華やかなアロマに溺れる小さな魅惑世界。

写真右下から反時計回り：「ティト ショコラ」¥520、「レコルト マロン」¥520、「タルト フリュイ」¥470、「フィグ カシス」¥470、「タルト アグリューム」¥450、「アローム」¥490

ミニャルディーズ専門パティスリーとして変わらぬ人気を誇る「アングラン」。小さなサイズゆえミリグラム単位の繊細なレシピで作られる生菓子は、見た目も美しく目移り必至です。シェフパティシエ・昆布智成さんのスペシャリテは、芳醇なペルー産カカオの奥深さに溺れる「ティト ショコラ」。複雑で華やかなアロマへのアプローチに注目です。

アン グラン
UN GRAIN
東京都港区南青山6-8-17
プルミエビル1F
☎ 03-5778-6161
㈋ 11:00〜19:00
㈬ 水曜

「ease」のバターサンド

甘さ控えめ。軽やかな大人のバタークリーム。

果物の酸味に近いニュアンスが印象的な「アマゾンカカオ」¥480をはじめ、ギリギリまで焦がした苦味が大人味の「キャラメル」、爽やかな甘味の「トロピカル」各¥400など、フレーバーは全3種。

イーズ｜ease

東京都中央区日本橋兜町
9-1
※販売日程や店舗についての詳細はInstagram：@keisuke_oyama_easeにて随時更新。

国内外有名店での研鑽を経て、予約困難な星付きフレンチ「シンシア」でシェフパティシエを務めた大山恵介さん。今春の自店オープンを前に、すでにポップアップの販売で話題になったバターサンドが絶品。甘さを抑えた軽いバタークリームとザクッと力強い食感のサブレが好相性で、中央にはフルーツやカカオのソースが潜んでいます。

「フラクタス」のバターサンド

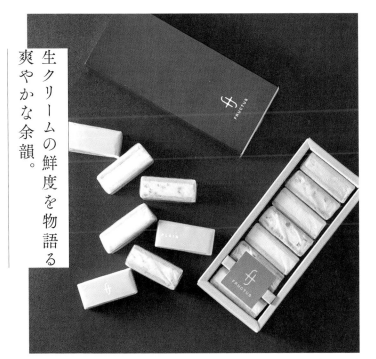

生クリームの鮮度を物語る爽やかな余韻。

バタークリームは生クリームの鮮度を物語るかのようなミルキーですっきりとした味わい。スタイリッシュにデザインされた専用ボックスに7個入¥1,900

フラクタス｜FRUCTUS
東京都渋谷区渋谷2-24-12
渋谷スクランブルスクエア
1F
☎ 03-3499-2727
㊞ 10:00〜21:00
㊡ 渋谷スクランブルスクエアに準ずる

「フラクタス」でオープン以来人気を博しているのが、北海道十勝しんむら牧場とのコラボ商品、放牧牛の風味豊かな生クリームを贅沢に使用した「バターサンド」です。すっきりとした余韻のバタークリームを軽い食感の国産小麦のサブレで挟んでおり、味はプレーンと国産柚子の2種類。小ぶりなサイズでついついもうひとつに手が伸びます。

「おかしやうっちー」のプリン

マニアックに楽しい卵の香りやコクを食べ比べ。

左：上品できれいな後味が特徴の「神果卵のプリン」¥900、右：ナチュラルな卵の風味を楽しむ「素王卵のプリン」¥400。焦げる寸前まで火入れしたキャラメルの苦味を加えると、潔くメリハリのある風味も楽しめる。

パティスリーというより「おかしや」のニュアンスにこだわったオーナーパティシエ内山裕介さんの思い入れは、スペシャリテであるプリンにも表現されています。スタンダードのプリンは新潟の素王卵を、スペシャル版は高知・四万十の神果卵をそれぞれ使用。どちらも最初はキャラメルをかけずに食べてみて。卵のコクや香りに驚きます。

おかしやうっちー｜
Okashiya Ucchi

東京都渋谷区千駄ケ谷
3-27-9 ウェスト青山1F
☎ 03-6721-0277
営 11:00〜18:00
休 不定休

114

「traiteur pâtisserie Leirion」の
苺のタルト

住宅街にひっそりたたずむ小さな小さなパティスリー。

ケータリングでも毎回好評のタルトは旬のフルーツで提案。生地とクリーム、フルーツのバランスが絶妙。手前：「苺のタルト」¥325、奥：「チョコレートケーキ」¥455

トレトゥール パティスリー
レイリオン｜
traiteur pâtisserie
Leirion

東京都調布市富士見町
4-8-10
☎ ―
㊕ 10:00〜19:00
㊡ 火曜〜金曜

西調布の住宅街、注意しないと見逃してしまうほど小さな店構えのパティスリー「レイリオン」。店主の芦田真理子さんが昨年オープンした東京の店舗兼アトリエを拠点に、アパレルブランドのレセプションやイベントなどのケータリングも手がけています。得意とするのはこだわり生地のタルトたち。フォトジェニックな見た目にも注目です。

シーンに合わせて選べる
キュートなボックススイーツ

スイーツブランド「Bon Vivant」が、人気イラストレーター・佐伯ゆう子さんとのコラボで「東京の手みやげスイーツ」3部作をリリース！　贈る方も贈られる方もわくわくした気持ちにしてくれるフォトジェニックなパッケージスイーツに注目です。

瀬戸内レモンクリームケーキ
¥2,222

瀬戸内レモンをたっぷり使用した爽やかなレモンケーキは、しっとり生地の中心にレモンクリームをフィリングしたリッチな味わい。レモンの中に黒ネコが隠れたユーモアあふれるボックスは、それだけでも会話が弾みそう。

クッキーアソートボックス（東京）
¥1,666

都の木であるイチョウや、千鳥などに型抜きされたクッキー全5種を、日本や東京モチーフのイラストをちりばめたクッキーボックスに詰め合わせて。友人たちとの東京旅行のおみやげにも！

柴犬のクッキー缶
¥1,388

柴犬モチーフのイラストパッケージに思わずキュンキュンしてしまうクッキー缶。蓋を開けると、中には佐伯さんのイラストの型で抜いた、くすっと笑える表情の柴犬たちがぎゅっと詰まっています。

ブールアンジュ 渋谷店｜BOUL'ANGE　東京都渋谷区渋谷1-14-11 BCサロン1F・2F
☎ 03-6418-9581　🕖 7:00〜21:00　㊡ 不定休　Instagram: @boulange.jp

Guilt free and chilled Sweets

子どもたちにも食べさせたい
ギルトフリー
&アイススイーツ

「和のかし 巡」の
黒胡麻葛プリンと笑みこぼれる餡

自然の甘味にほっとする
巡りを促す和スイーツ。

本葛は身体を冷やさない食材なので女性におすすめ。黒胡麻の滋味豊かな味わいがクセになる「黒胡麻葛プリン」¥450、「笑みこぼれる餡」（生チョコ/北海道産有機カボチャ 各¥300）は、カカオマスや有機林檎ソースなどを使った大人向けの味わい。

ヴィーガン・グルテンフリーの和菓子店「和のかし 巡」が提案するのは、体内の巡りを促す食材を使った新感覚のスイーツ。小豆やごま、本葛など、日本古来の素材を可能な限り無農薬や減農薬の観点でセレクトし、その"栄養素を丸ごといただく"という発想です。できる限り加糖はせず、天然のアガベシロップで甘味を出し、血糖値を上げない工夫にも注目です。

和のかし 巡 |
WANOKASHI
MEGURI

東京都渋谷区上原3-2-1
☎ 03-5738-8050
㋓ 10:30〜18:00
㋑ 月曜

「らかん・果」のブラウニーと
季節のコンフィチュール

ホリスティックな考えに寄り添う〝羅漢果〟の甘味。

岩柳麻子さんが幾度となく試行錯誤を重ねて完成させた、ナッツやドライフルーツの風味・食感にこだわった「ブラウニー」1個¥330、旬のフレッシュなフルーツの風味や果肉感を最大限生かした「季節のコンフィチュール」各¥1,200

羅漢果の実から採れる100％植物由来、カロリーゼロの甘味料ラカントで食を提案する「神宮前らかん・果」。漢方やアーユールヴェーダなどの考え方にも寄り添うナチュラルなメニューの数々は、ヘルスコンシャスな女性たちから注目を集めています。「パティスリィアサコイワヤナギ」と共同開発する手みやげスイーツも評判。

神宮前 らかん・果
JINGUMAE
LAKAN-KA

東京都渋谷区神宮前3-7-8
☎ 03-6447-1805
⑧ 11:00〜22:00
㊡ 不定休

119

「Dragon Michiko」の
バナナケーキとマフィン

おいしくて身体にやさしい
ヴィーガンスイーツ専門店。

左：しっとりとした生地にバナナの豊かな風味をバランス良く融合。「オーガニック
バナナケーキ」¥450、右：力強い食感とフルーツの自然な甘味に圧倒される「マフィ
ン」（オーガニックストロベリーの自家製ジャム）¥420

「Dragon Michiko」オーナー・山口道子さんが焼き上げるお菓子の魅力は、甜菜糖やオーガニックメープルシロップなど、体への吸収が穏やかな植物性の材料のみで叶えるやさしい味わい。卵や乳製品、白砂糖を使わないヴィーガンのストイックなイメージを払拭する豊かな食感や風味は、毎日でも食べたい！と評判です。

ドラゴンミチコ｜
Dragon Michiko

東京都武蔵野市吉祥寺本町
2-18-7 佐藤ビル1F
☎ 0422-22-7668
㊗ 11:00〜18:00
㊡ 月曜、火曜、第2・4水曜

120

「堀内果実園」の
くだものナッツおこし

昔ながらのおこしに柿とすももものドライフルーツをミックス。ナッツや大麦などの食感も楽しく、噛むほどに果物の甘味・酸味が広がります。左：10個入¥800、右：15個入¥1,300

堀内果実園エキュートエディション渋谷店｜HORIUCHI KAJITSUEN

東京都渋谷区渋谷2-24-12
渋谷スクランブルスクエア1F
☎ 03-3409-0151
㊡ 10:00〜21:00
㊑ 渋谷スクランブルスクエアに準ずる

「BROWN SUGAR 1ST.」の
ココクッキー

有機エクストラバージンココナッツオイルをはじめ、ヘルシーで安全な原材料を使用。「わが子に食べさせたいかどうか？」を基準に食材を厳選しています。左上から時計回りに、COFFEE、Yame Sencha、GINGER、YUZUの4フレーバー。16個入 各¥1,620

ブラウンシュガーファースト｜BROWN SUGAR 1ST.

☎ 0120-911-909
HP：https://bs1stonline.com

「スリーツインズ」の
スリムツイン

牛乳由来のホエイプロテインから良質なタンパク質がとれる「スリムツイン」。左から時計回り：チョコレート、カルダモン、レモンクッキー、バニラ　各473ml ¥1,296、ロゴ入りゼロールスクープ（1.5oz）¥1,980

スリーツインズ
アイスクリーム 代官山店
Three Twins Ice Cream

東京都渋谷区代官山町19-4
代官山駅ビル1F
☎ 03-6455-1510
🕐 10:00〜21:00
🈺 無休

〝低糖質、高プロテイン、トランスファットフリー〟の三拍子揃ったラクトアイス「スリムツイン」の注目は、パッケージに示されている1パイントあたりのカロリー値の低さ！味にもこだわり、甘味料にはオーガニックのモンクフルーツエキスを使用。〝おいしい低糖質〟を叶えたギルトフリーアイスはホムパでの食べ比べも楽しそう。

「ラ・チャルダ」の
カッサータクッキーサンド

シチリアの伝統菓子を
ピスタチオクッキーに挟んで。

サイズ感も可愛い！「カッサータクッキーサンド」1個¥350　※手みやげ用に購入の場合は要予約。持ち歩き時間に応じて、保冷バッグやドライアイスは要持参です

イタリア・トスカーナの伝統菓子専門店「ラ・チャルダ」では、全粒粉とアーモンドプードルが香ばしいピスタチオクッキーに、シチリアのアイスデザート〝カッサータ〟を挟んだ「カッサータクッキーサンド」が評判です。リコッタチーズと生クリーム、ドライフルーツとナッツがたっぷり入った風味豊かな口どけを楽しんで。

ラ・チャルダ｜
La Cialda
東京都目黒区自由が丘
1-25-9 自由が丘テラス1F
☎ 03-5726-9622
㉓ 11:00〜18:00
㉠ 月曜〜水曜
（祝日は営業）

「ラ・ヴィエイユ・フランス」の
パレアグラス

濃厚アイスとサブレの
完璧なるハーモニー。

カラフルな見た目は、さまざまなギフトシーンに◎。左から時計回り：定番フレーバーのバニラ、フランボワーズ、ショコラ、ピスターシュ、マンゴー。「パレアグラス」各¥400　※前日までに要予約

**ラ・ヴィエイユ・
フランス 千歳烏山本店**
LA VIEILLE FRANCE
東京都世田谷区粕谷4-15-6
1F
☎ 03-5314-3530
㊙ 10:00〜19:30
㊡ 月曜（祝日の場合営業、
翌火曜が休み）

パリ6区の老舗パティスリー「ラ・ヴィエイユ・フランス」で日本人初のシェフパティシエを務めた木村成克さん。帰国後オープンした千歳烏山のパティスリーで評判の「パレアグラス」は、厚めに焼き上げたサクサクのサブレで、口どけなめらかなアイスをたっぷりサンド。濃厚なのに飽きのこないグラス＆ソルベのバランスが絶妙です。

124

「ラデュレ」の
アイスクリーム&ソルベ

大好きなラデュレの
マカロンをアイスでも！

ローズやピスタッシュといったマカロンでも人気のフレーバーに注目！ マカロンを
浮かべたような姿が可愛い「アイスクリーム&ソルベ」8個入 ¥5,184

ラデュレ 新宿店|
LADURÉE Shinjuku
東京都新宿区新宿3-38-2
ルミネ新宿店 ルミネ2 1F
☎ 03-4578-0846（ラデュレ
カスタマーサービス）
㊎ 11:00〜21:30
（土日祝は10:30から）
㊡ ルミネ新宿店に準ずる

ラデュレのアイコニック
なマカロンを、素材その
ものの風味が濃厚に感じ
られるアイスクリームに
ON！ローズ、ピスタッ
シュ、ヴァニーユ、マロン、
キャラメル、カフェ、ショ
コラの7種のアイスクリー
ムとフランボワーズのソル
ベ、計8種のフレーバーを
詰め合わせたギフトは、友
人たちとの持ち寄りにもイ
ンパクトを与えてくれそう。

意外と知られていない？

「手みやげ」と「おもたせ」の違い

「手みやげ」と「おもたせ」。本書のなかでも登場するふたつの言葉の違いをご存じですか？

「手みやげ」は、「訪問先へ持参するおみやげ」を意味し、「おもたせ（御持たせ）」は「おもたせもの」の略で、受け取った側が持参した側への敬意を込めてその手みやげを呼ぶ際に使う尊敬語だとされています。本書では、ホムパの持ち寄りグルメの章（3章）で登場しますが、少し現代風に「みんなで一緒に食べない？」というニュアンスや「持ち寄りの集まり・ホムパへの手みやげ」という意味も込めています。

さて、その「手みやげ」と「おもたせ」には、選ぶ際に気をつけておきたいポイントがいくつかあります。①「手みやげ」は訪問先の近所で購入しないこと。相手が日常的に食べているかもしれないものをわざわざ選ぶのは、手みやげ上手とは言えません。②特に「手みやげ」の場合には、受け取る相手が「え！」とひるむような高価なものは選ばないこと。一般的には¥2,000〜3,000が目安とされていますが、本書では小さなものは¥500前後から、特別な時や目上の方への手みやげは¥5,000前後におさまる程度を目安に選んでいます。③「おもたせ」（一緒に食べる）前提であれば、多少値がはるものでも「これおいしいの！」と共有する気持ちのお裾分けは相手にも喜ばれます。④「手みやげ」の際の「日持ち」にも気をつけたいところ。相手に家族がいれば良いのですが、ひとり暮らしであればストレスなく食べきれるよう消費期限が短くないものを選ぶと喜ばれます。

「手みやげ」と「おもたせ」。いずれも、おいしい！と感じた感動をシェアする気持ちをベースに選ぶことが一番大切なポイントと言えるかもしれません。大切な人と、食を通じて幸せの連鎖が起きるような、そんな手みやげ、おもたせとたくさん出会えますように！

Omotase

ホムパに持ち寄りたい
グルメなOMOTASE

ギャザリングへの急なお呼ばれ。さて、何を持って行く？　と
なった時に知っておきたいグルメアイテムをご紹介。本格的な
デリからカジュアルミール、老舗肉屋のコンビーフや粉もの好
きも唸る絶品パン、見た目も華やかなフルーツポンチなど、ホ
ムパを盛り上げるグルメが目白押し！

「オーボンヴュータン」の
シャリュキュトリー

シャリュキュティエが提案
グルメが唸る上質おもたせ。

手前ボード（左から）：「パテ アン クルート」100g ¥640、「テリーヌ アマッチ」100g ¥590、「ムース ド フォワ ド ヴォライユ」1個¥500、皿：サラダ3種（タブレ/ サラダ ド ランティーユ/ キャロットラペ）各100g ¥380〜

**オーボンヴュータン
尾山台店｜
AU BON VIEUX
TEMPS**

東京都世田谷区等々力
2-1-3
☎ 03-3703-8428
🕘 9:00〜18:00（シャリュ
キュトリーの営業時間）
🈺 火曜、水曜

パティスリー界に多くの門下生を輩出した「オーボンヴュータン」は、スイーツのみならず、本格的なシャリュキュトリー＆デリカテッセンもあるグルメ上級者のご用達。豊富にそろうテリーヌやパテのほか、トゥールーズやブータンノワールなどのソーセージ類、ハム、サラダなどもおすすめ。急なお呼ばれにも知っておきたい一店です。

「CITYSHOP」のデリ

どんどん便利使いしたい
野菜ベースのおしゃれデリ。

奥（大・5人前）：「カラマリとケール、りんごのサラダ」¥2,000、手前（小・1人前）
右から：「カボチャのロースト スパイシーナッツ＆ヨーグルトソース」¥400、「玄米
パスタ ケールジェノヴェーゼ」¥400、「タンドリーチキン」¥500

「いろんな野菜を、もっと美味しく、もっとデリーに」をテーマに、野菜と肉・魚、スーパーフード、グレインズ、スパイスなどを掛け合わせた「グルメサラダ＆デリ」を提供する「CITYSHOP」。ショーケースのデリは旬菜をふんだんに使った見た目も麗しいメニューばかり。イートインだけでなく、おもたせにも便利使いしたいお店。

シティショップ 青山｜
CITYSHOP
東京都港区南青山5-4-41
☎ 03-5778-3912
㉑ 11:00〜21:30
㊡ 不定休

「千駄木腰塚」の
コンビーフとベリーハム

舌のうえでとろける牛脂。千駄木・老舗肉屋の名品。

冷蔵庫から出したてをカットしてパンにのせたり、ほぐした身は炊きたてご飯にのせて卵＆わさび醤油と合わせるのも絶品！「自家製コンビーフ」400g ¥1,980、「自家製ベリーハム」300g ¥1,140（スライスは薄切り、厚切りともに100g ¥380）

千駄木の商店街に昭和24年創業の「千駄木腰塚」と言えば外せない逸品が、「自家製コンビーフ」です。人肌でとろけだす黒毛和牛の良質な脂。そのバランスを計算しながら職人の手で丁寧にほぐされた肉の繊維・旨みは一度食べたら忘れられない味。不動の人気を誇る豚バラ肉の「自家製ベリーハム」も、食いしん坊のお酒のあてに喜ばれます。

千駄木腰塚 |
SENDAGI KOSHIZUKA

東京都文京区千駄木
3-43-11
☎ 03-3823-0202
⊕ 10:00〜19:00
休 水曜

「おつな」のおつな

料理人発想で生まれた「乙なおつな」。

美しい和紙のテクスチャーの箱も素敵。オリジナルメッセージを入れるサービスもあり、ギフトにもおすすめです。左から：「えごま大葉味噌」¥1,330、「実山椒」¥1,330、「オーガニック粒マスタード味」¥1,350（各80g）

小料理屋を営む関根仁さんが、その日残ったマグロで作ったツナがきっかけで生まれた自家製ツナブランド「otuna」。築地に20年通った関根さんが仕入れる厳選したビンチョウマグロを主役に、最高級利尻昆布の出汁と、ミネラル豊富な海洋深層水に野菜の旨みを足した特製ソミュールで味付け。オイルもそのまま料理に使えます。

おつな｜otuna
東京都世田谷区池尻3-5-22
☎ 03-6426-8178
🕐 11:00～14:00
（土日のみ）
㊡ 月曜～金曜

「Chef's Marche」の フルーツポンチ

モダン八百屋が提案する
作りたてサラダ＆フルーツ。

食後のデザートにそのまま器に盛り付けるだけ。半年以上の試行錯誤を重ねて生まれた風味豊かなフルーツポンチ。Sサイズ（400g）¥900、Lサイズ（1000g）¥3,000、フルーツ盛り合わせ（小）¥1,500

元飲食店シェフが立ち上げた、かつてないスタイルの八百屋「シェフズマルシェ」。店内では全員調理経験者というスタッフが総出で野菜をカットしたり、目の前でサラダを作ったり。次々と入る注文を受けてキビキビと動く姿はまるでレストランの調理場さながら。作りたての風味濃厚なサラダ、自家製フルーツポンチがホムパを盛り上げます！

シェフズ マルシェ
Chef's Marche

東京都目黒区鷹番3-5-6
クアルテム1F
☎ 03-6451-0075
🕙 10:00〜22:00
（土日祝は20:00まで）
㊡ 不定休

132

「Made in ピエール・エルメ」の
瓶詰めとジュース

上質な国産グルメを
専用ボックスにカスタム。

店内にラインナップされるエピスリーは全30種以上！ 左から：北海道産サンチェリーのトマトジュース、高知産の地中熟成しょうがのジンジャエール 各¥500、「野菜で野菜を食べる。」ドレッシング¥600、旬の野菜を使ったピクルス¥1,200

Made in ピエール・
エルメ 丸の内│
Made in PIERRE HERMÉ
Marunouchi

東京都千代田区丸の内
3-2-3 二重橋スクエア1F
☎ 03-3215-6622
⑱ 10:00〜20:00
㉁ 無休

「お菓子界のピカソ」として知られるピエール・エルメが、日本で出会った素晴らしい食をセレクトしたコンセプトショップが「Made in ピエール・エルメ 丸の内」です。日本各地の生産者とコラボしたオリジナル調味料やエピスリー（食材）、パッケージドフードの数々。専用のオリジナルボックスにおもたせカスタムも可能です。

「MOMOE」の お弁当

食の楽しさが笑顔を生む、彩り鮮やかなお弁当。

全体的に薄味に調えられている分、野菜の食感のバランスを考えた取り合わせも完璧！ 木箱で提案するパーティーケータリングも評判です。お弁当 １個¥1,500 ※注文は７日前まで

モモエ｜MOMOE
東京都目黒区目黒4-26-3
✉ bonjour@momoegohan.
com
☎ 9:00〜19:00（配達のみ）
HP：https://momoegohan.
com/

蓋を開けた瞬間に思わずため息！ ホムパ上級者やフーディーの間で評判の「MOMOE」のお弁当。料理研究家のMOMOEさんが提案するのは、化学調味料不使用、自然栽培／有機栽培の野菜をふんだんに使った味・色・香りを楽しめる料理の数々。見た目も美しい野菜やおかずはバリエーションも豊かで、食べ応えの満足度も◎です。

「とり口」のやきとり弁当

一日8食限定！
焼き鳥好きが〝悶絶〟！

鶏そぼろがたっぷりのったご飯の上には半熟のうずら卵。その脇には丁寧に焼き上げた焼き鳥のおいしい部位3種（つくね/かしわ/せせりなと日替わり）がずらり。冷めても美味しいので夜食にもおすすめです。追いタレ、黒七味、山椒付き。¥1,800

行列の絶えない中目黒の人気店「焼鳥鳥よし」で修業を重ねた大将・西口和樹さんが炭火でふっくら焼き上げる絶品焼き鳥3種を主役に、ほんのりと甘いそぼろをたっぷりとご飯に敷き詰めた贅沢極まりない「やきとり弁当」。五反田の人気焼き鳥店「とり口」が提案する絶品お弁当は一日8食限定。通好みの差し入れやおもたせにおすすめです。

とり口｜TORIGUCHI
東京都品川区西五反田
2-28-10
☎ 03-6421-7254
🕐 17:00～23:00
休 無休

135

「洋食酒場 フライパン」の
ビーフカツサンド

おもたせ上級者に評判
贅沢ビーフカツサンド。

オープン当初からリピーターの多いフライパン名物「特製ビーフカツサンド」¥2,000
※10個以上から営業時間外でも予約可能

洋食酒場 フライパン｜
YOUSHOKU SAKABA
FRYPAN

東京都世田谷区代沢
4-44-13 レグルス下北沢1F
☎ 03-3418-0647
㊗ 18:00～25:00
（日は24:00まで）
㊡ 月曜

世田谷区代沢の人気店「洋食酒場 フライパン」が、一日5食限定で提案する「特製ビーフカツサンド」。隠れたおもたせグルメとして常連客の間で人気の品です。国産のやわらかいヒレ肉を惜しみなく使い、洋食店ならではのデミソースにたっぷり絡めたビーフカツを、マスタードを利かせたきつね色のトーストで贅沢にサンド。男性にも人気です。

「Cizia」の フォカッチャ

パン好きに教えたくなる罪なほど絶品フォカッチャ。

北海道産ハルユタカ、ハルきらりをブレンドした生地にシチリア産オリーブオイルをたっぷり練りこみ焼き上げた「フォカッチャ」。お酒にも料理にもマッチ。日替わりで「ねじりパン」、「ナッツ入りパン」なども登場。パンはすべて100g ¥300

チッツィア｜Cizia
東京都品川区小山6-6-3
☎ 03-6314-3965
㋺ 火～土12:00～14:30、
　18:00～23:00、
　日12:00～17:00
㋫ 月曜
　（日祝不定休）
※開店日やパンについて
はInstagram：@cizia_
nishikoyamaにて告知。

西小山で評判のイタリアン「チッツィア」。パンを焼き上げるのは、当店のオーナーシェフである「パーラー江古田」出身のシェフ・ばばかつえさん。昨年、店をオープンして以来、常連客に評判のパンを「販売してほしい！」の声に応えるかたちで、不定期で「パンやチッツィア」を開店。〝おもたせパン〟をする際はぜひ予約を。

「haluta」の黒パン

ギフト
パン

料理との相性も抜群！滋味あふれる味わい。

木村さんがhalutaの拠点があるデンマークの食文化に着想を得て焼き上げる「黒パン」5枚入¥400〜。噛み締めるごとに滋味あふれるパンはどんな料理とも相性が良く、器に盛り付けるだけで食卓が華やぎます。※パンは売り切れ次第終了

数々の名店を経て、現在は小麦の生産地である長野県上田市で「haluta」のパンを焼く木村昌之さん。パン好きたちに熱烈なファンも多い木村さんのパンが、週に一度、馬喰横山で話題の空間「frø」で購入できます。イチ押しは、上田の澄んだ水・清々しい風景を感じる絶品黒パン！予約注文も可能です。

フォイ｜frø
東京都千代田区東神田
1-2-11 アガタ竹澤ビル101
☎ 03-5829-5810
㋐ 11:00〜18:00
㋭ 不定休
※曜日が変動的なためスケジュールはSNSでお知らせ

「bricolage bread & co.」の
国産小麦のパン

ギフト
パン

ハードなのにもっちり。
看板商品はマストバイ！

店名を冠した「ブリコラージュ ブレッド」は看板商品。左から：「いぶりがっこのバトン」¥280、「フリュイ」（ハーフ）¥350、「ブリコラージュ ブレッド」（ハーフ）¥800、「クロワッサン」¥350 ※価格はすべて内税

六本木・けやき坂をのぼると現れる、男前なブーランジェリー「ブリコラージュ ブレッド＆カンパニー」。世界で活躍する「レフェルヴェソンス」生江史伸さん、大阪の行列ができる名店「ル・シュクレ・クール」岩永歩さん、オスロ発のコーヒーブランド「フグレン」小島賢治さんがタッグを組んで誕生した伝説的な一店です。

ブリコラージュ ブレッド アンド カンパニー｜
bricolage bread & co.
東京都港区六本木6-15-1
けやき坂テラス1F
☎ 03-6804-1980
㋐ 8:00〜21:00
㋡ 月曜（祝日の場合は営業）

139

「PATH」のクロワッサン

歯ごたえもおいしいパンの小宇宙を体感。

店ではモーニングやコーヒーと一緒に楽しむ人が多いクロワッサン。立ち寄りがてら焼きたてもぜひ味わってみて。1個¥290 ※クロワッサン、パンオショコラの焼き上がりは8時半が目安

代々木八幡で、オープン以来変わらぬ人気を誇るレストラン「PATH」。朝8時から焼きたての自家製ヴィエノワズリーや焼き菓子を並べる同店で、毎朝売り切れ必至のひと品がパティシエ後藤裕一さんこだわりのクロワッサン。ザクっと絶妙な歯ごたえとともに口の中に広がる芳醇なバター香。早起きの価値あるひと品です。

パス｜PATH

東京都渋谷区富ヶ谷
1-44-2 A-FLAT 1F
☎ 03-6407-0011
⊛ 8:00～15:00、
18:00～24:00
㊡ 月曜　※第2・4火曜の
8:00～15:00、第2・4日曜
の18:00～24:00も休業

「LESS」のパネットーネ ギフトパン

美しいボックス入り予約必至のパネットーネ。

ミラノ出身のシェフ、ガブリエレ・リヴァさんの熟練の技が叶える味。ヨーグルトのような爽やかな余韻も印象的。生地にはオレンジ、レモン、季節の柑橘がアクセントに練り込まれています。「パネットーネ アグルミ」ホール¥3,500

「今まで食べた中でダントツ一位！」とグルメ番長たちがウワサする絶品パネットーネは110ページでもご紹介したパティスリー「LESS」で人気のひと品です。発酵・焼成に熟練の技を要するパネットーネは、クリスマスシーズンに登場するイタリア伝統のギフトパン。「LESS」では柑橘とチョコレートの2味を通年販売しています。

レス｜LESS
東京都目黒区三田1-12-25
金子ビル1F
☎ 03-6451-2717
㊗ 11:00〜19:00
㊡ 不定休

「MARUICHI BAGEL」の
ベーグルサンド

手前：（左）「スモークサーモン（プレーン）」¥1,480、（右）「エッグサラダ（セサミベーグル）」¥620 奥：「全粒粉プレーン」¥310、「セブングレインハニー」¥310、「ポピーシード」¥290

ピクニックに持ち寄りたい
マニア絶賛のベーグル。

わざわざ遠くから訪れるファンも多い白金高輪のベーグル専門店「マルイチベーグル」は、朝7時の開店とともに多くの常連客で賑わいます。独特な力強い歯ごたえと、噛み締めるごとに広がる生地の旨み。鮮度バツグンの野菜や具材をダイナミックに挟んだサンドウィッチは、見映えももちろん可愛く、食べ応えの満足感にも驚きます。

マルイチベーグル｜
MARUICHI BAGEL
東京都港区白金1-15-22
☎ −
㊡ 7:00～18:00
※サンドウィッチは火～
金8:00～16:00、土日祝は
9:00～16:00
㊡ 月曜

「TORAYA CAFÉ」の あんバン

キュートなお茶菓子にも。
老舗のあんを堪能して。

食べる直前にレンジで数秒温め直して。切れ目に沿ってふたつに割ると、きれいにあんが分かれてパンの上にのる仕組み。「あんバン」¥399

"あんのある生活"をコンセプトに、あんの気軽な楽しみ方を提案する「トラヤカフェ」。あんスタンド北青山店では、看板アイテムでもある「あんペースト（こしあん）」を、噛みごたえのある温かい蒸し生地で挟んだ同店限定の「あんバン」がテイクアウトできます。生地表面に押される「T」の焼き印がキュート！

トラヤカフェ・
あんスタンド北青山店｜
TORAYA CAFÉ・
AN STAND

東京都港区北青山3-12-16
☎ 03-6450-6720
⊕ 11:00〜19:00
㉅ 第2・4水曜、
年末年始、夏季休業

＼ 贈る側も贈られる側もハッピーになれる！ ／

「出産祝い」のギフト選び

頭を悩ませるギフトのテーマは数えきれないほどありますが、なかでも、悩む人が多いのが「出産祝い」です。特に出産経験がない場合や、妊婦やママの気持ちを知る術が少ない男性にとっては難しいですよね。でも、いくつかのポイントを知っておけば、贈る側も贈られる側もハッピーになれるギフト選びができます。

●出産祝いのギフト選びで知っておきたい4つのポイント

その1. まず相手が出産前であれば、リラックスできるアイテムや、日に日に変化するママの体調をサポートするアイテム、ナーバスになっている心や身体を思いやるギフトを選ぶと喜ばれます。ただし、妊娠中のママは"匂いや香り"にかなり敏感になるので、アロマやハーブティーなど香りが強いものは避けた方が吉。毛羽立ちが少なく、肌触りがよい上質なタオルなど、素材へのこだわりを感じる日用品ギフトなどは失敗が少ないアイテムかもしれません。

その2. 産後すぐであれば、ママ＆ベビーの両方を思いやるアイテムを。たとえば、一緒に共有できるバスアイテムや、ママとベビーの心を繋ぐマッサージクリームやオイル、ママのストレッチマークを消すクリーム、母乳の栄養源になるような時短グルメ（レトルトのスープ、栄養たっぷりのジュース）など。とかく赤ちゃんのことばかりを考えがちですが、一番の功労者であるママのことも思いやったアイテムは心を掴む確率も上がります。

その3. 産後半年以上が過ぎた頃であれば「赤ちゃんがすくすく元気に育ちますように！」との祈りも込めて、1歳から2歳にかけて着られる洋服（サイズは長く着られるよう「90」や「100」。ただし、ブランドや洋服の好みは要リサーチです！）も喜ばれます。

その4. 親しい友人や親戚などが相手の場合は、「何が欲しい？」と聞くのがベスト！ 大きな出費がかさむ産前・産後ファミリーには、何人かの友人で出し合って、長く使える上質なベビーチェアやベビーカーなどを贈るのも人気です。

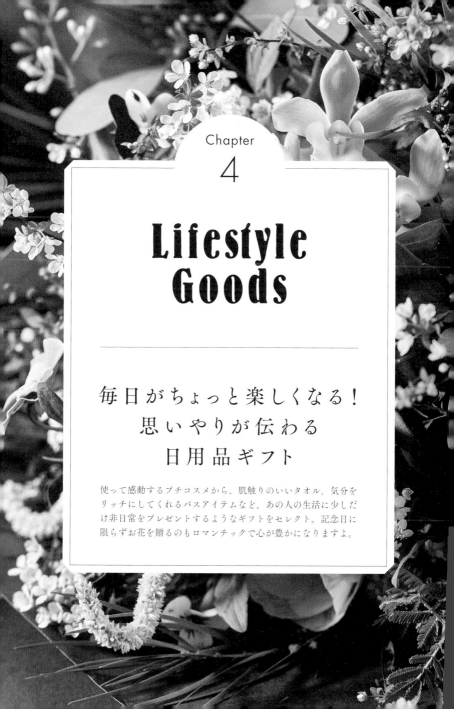

Chapter

4

Lifestyle Goods

毎日がちょっと楽しくなる！
思いやりが伝わる
日用品ギフト

使って感動するプチコスメから、肌触りのいいタオル、気分を
リッチにしてくれるバスアイテムなど、あの人の生活に少しだ
け非日常をプレゼントするようなギフトをセレクト。記念日に
限らずお花を贈るのもロマンチックで心が豊かになりますよ。

植物のみずみずしさを閉じこめて。

オースティン・オースティン
| Austin Austin

イギリスの小さな町ノー
フォークに生まれたオー
ガニックブランド「オー
スティン・オースティン」。
70年代に英国初の自然食
品専門店をオープンするな
ど、薬学やハーブの知識に
長けた父と、アートに造詣
の深い娘によってスタート
したブランドです。製品の
ほとんどはヴィーガンに徹
したもの。丁寧にハンドメ
イドされた製品、洗練され
たデザインはギフトにも最
適です。

上段左：植物オイル、アロエエキス
配合のジェル状ハンドウォッシュ
「パルマローザ&ベチバーハンドソー
プ」300ml ¥3,500。右：みずみず
しい植物を思わせる香りと軽やかな付
け心地が人気。「パルマローザ&ベチ
バーハンドクリーム」250ml ¥3,500
⑩ドワネル☎03-3470-5007

OSAJI

愛する人への言葉のように。

シンプルな処方の低刺激コスメをつくるスキンケアブランド「OSAJI（オサジ）」。肌への親和性の高さから、通常固形石けんの製造過程で捨てられてしまうグリセリンを残した"半熟"状のしっとり石けん「ローソープ」をはじめ、世代や性別を問わず「贈りたい」アイテムが目白押しです。

オサジ｜OSAJI

右上から時計回り：クレイと火山岩の微細な粒子が毛穴汚れや老廃物を吸着「クレイパック」180g ¥3,000、手肌をケアしながらしっとり洗い上げる「ハンドソープ」300ml ¥1,400、保湿力の高いシロキクラゲ多糖体など美肌成分を惜しみなく配合「ハンドクリーム」50g ¥1,000、さっぱり洗う竹炭を配合した半練り状の2層式保湿石けん「ローソープ」100g ¥1,600、乳液に浸かるような贅沢なバスタイムを「バスミルク パルマローザ」185ml ¥2,500　⑩日東電化工業株式会社☎0120-933-871

手元を思いやる
"やさしさ"を。

毎日の暮らしにさりげなく存在する
「ハンドクリーム」は、季節を問わず
喜ばれるギフトアイテムのひとつ。相
手のライフスタイルに合わせて、手元
を思いやるやさしい気持ちも渡したい。

1. シアバターやカレンデュラがすっとなじむ。「サルソマッジョーレ テルマーレ ハンドクリーム」50ml￥3,000 ⑩株式会
社アリエルトレーディング ☎0120-201-790 2. さらりとした付け心地。「ママバター ハンドクリーム（オレンジ）」40g
￥980 ⑩ビーバイ・イー ☎0120-666-877 3. 絶妙なアロマブレンド。「ORハンドクリーム」54ml￥2,300 ⑩ジョンマス
ターオーガニック ☎0120-207-217 4. オーガニック成分を贅沢に配合。「エッフェオーガニック ナチュラルハンドクリー
ム ローズ＆イランイラン」50g￥2,000 ⑩エッフェオーガニック ☎03-3261-2892 5. ジャスミンとチュベローズのエッセン
シャルオイルを配合。「ホワイト チュベローズ ブライトニング ハンドクリーム」／「ホワイト ジャスミン ブライトニング ハンドク
リーム」各30g￥2,500（スパセイロン）⑩バンセイアーユルヴェーダ株式会社 ☎0120-165-227 6. "酒かす"を保湿
成分として配合。「ハンド美容液」（サボン／ホワイトティー）30g￥2,800 ⑩シロ ☎0120-275-606 7. レモンの精油が
爪の黄ばみに働きかけトーンアップ！「ハーバリズム ネイルオイル」6ml￥2,500 ⑩SHIGETA.japan ☎0120-945-995

世代を問わず贈れるリップケア

1

2

3

4

5

6

7

潤いを逃がしたくない口元に、世代を問わず贈れるリップケアアイテム。オーガニックの美容成分で、唇だけじゃなく、爪や目元もケアしてくれるスグレものも。

1,ハチミツベースのリップセラムでぷるんと弾む唇に。「リップセラム」8ml ¥2,500 ㊟SHIGETA.japan ☎0120-945-995　2,荒れた唇にも塗りやすいテクスチャー。「ママバター リップトリートメント（オレンジ）」8g¥880、紫外線や乾燥からやさしくケア。「ママバター UVケアリップトリートメント」（SPF12/PA++）4g ¥800 ㊟ビーバイ・イー ☎0120-666-877　3,フルーツ＆ベジタブル成分でメイクの上から潤いチャージ！「MiMCビオモイスチュアスティック」（AC&UV SPF20 PA++ / MS）¥3,300 ㊟株式会社MiMC ☎03-6455-5165　4,乾いた唇の集中ケアに。「ヴェレダ スキンフード リップバター」8ml ¥1,200 ㊟ヴェレダ・ジャパン ☎0120-070-601　5,なめらかな塗り心地で潤いが続く。「リップカーム」（オリジナルシトラス/ペパーミント/ラズベリー）4g/各 ¥1,500 ㊟ジョンマスター オーガニック ☎0120-207-217　6,ミネラルと5種のボタニカルオイル配合。美発色も叶えてくれるリップ美容液「オンリーミネラル ミネラルカラーセラム」（ベビーグロウ/メロンコーラル）4g ¥2,500 ㊟ヤーマン ☎0120-776-282　7,唇に塗ったらそのまま爪にも。「ウカ リップ＆ネイルバーム」（メロウトーク/ミントトーク）15ml ¥3,500 ㊟コスメキッチン ☎03-5774-5565

ママとベビー、両方をいたわりたい。

シゲタ｜SHIGETA PARIS

デリケートな赤ちゃんの肌と、敏感なママのお肌のために生まれたスキンケア。

右上から時計回り：大きくなったお腹にも使いやすいバームタイプ。「ママンモイスチャーバーム」80ml ¥3,800、成分の7割が保湿成分で作られた全身用ベビーウォッシュ。「ジェントルベビーウォッシュ」100ml ¥2,000、お風呂や沐浴後の保湿、マッサージに「ベビーマッサージオイル」30ml ¥2,700、左：PRISTINEのガーゼハンカチと星のガラガラが付いた「ウォッシュ＆オイルギフトセット」¥7,700　Ⓜ SHIGETA.japan ☎0120-945-995

ヴェレダ｜WELEDA

スイス発、プレママから赤ちゃんの成長まで長く使い続けられるブランド。

右から：肌の潤いを守るクリーミーな泡立ち。「カレンドラ ベビーウォッシュ＆シャンプー」200ml ¥1,600、肌に自然な保護膜を作りしなやかに保つ。「カレンドラ ベビークリームバスミルク」¥200ml ¥2,800、ふっくらやわらかく調える全身用集中保湿クリーム。「スキンフード」30ml ¥1,400、妊娠中や授乳中のバストマッサージに。「マザーズ ブレストオイル」50ml ¥2,200　Ⓜ ヴェレダ・ジャパン ☎0120-070-601

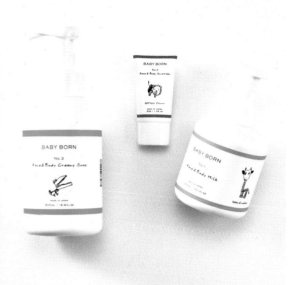

ベビーボーン｜
BABY BORN

4児のママでありモデル・タレントの東原亜希さんと、女の子のママでありエステティシャンの髙橋ミカさん。ふたりのママ発想から生まれた、実力派スキンケア。

右から：乳酸菌由来のヒアルロン酸配合の“家族みんなで使える”保湿乳液「フェイス＆ボディ ミルク」ラベンダーの香り300ml ¥3,800、日焼け止めミルク「フェイス＆ボディ サンスクリーン」30g ¥2,700、ボディソープ「フェイス＆ボディ クリーミィー ソープ」500ml ¥3,200 ㋬株式会社Mother ☎0120-88-1716

ママバター｜
MAMA BUTTER

高品質な天然由来保湿成分シアバターをメイン成分に、赤ちゃんから家族みんなで使えるやさしさにこだわるブランド。ベビーラインはオレンジ＆カモミールが穏やかに香ります。

右から：シアバター15％配合の高保湿クリーム「ベビークリーム」130g ¥2,000、赤ちゃんの肌にすばやく浸透して潤いを与える「ベビーローション」180ml ¥1,800、軽い付け心地の植物由来成分100％。毎日のベビーマッサージに！「ベビーオイル」100ml ¥2,200 ㋬ビーバイ・イー ☎0120-666-877

バスタイムを贅沢な時間に。

一日の疲れを癒やす入浴時間に、こんなアイテムがあったらどんなにうれしいだろう。相手のライフスタイルをイメージしながら選べる、インテリアとしても美しく、心や身体の芯の部分にまでアプローチするインバス／アウトバスアイテムたち。

クレイド｜CLAYD

アメリカ西海岸砂漠地帯から採れた、天然ミネラル豊富なクレイで作られた入浴剤。数万年の間、深い地中で化学変化してできたクレイのパワーを体感できる。

左から時計回り：ONETIME x 6個のギフトボックス『ONETIME GIFT』¥3,350、入浴7回分を風景写真とともに綴じたブックパッケージ『WEEKBOOK』¥3,500、専用のキャニスター入り・ウッドスプーン付き（入浴約13回分）『CANISTERSET 400』¥4,900、ONETIME（30g、入浴1回分）¥500 ⑩マザーアース・ソリューション株式会社☎03-6447-1204

サルソマッジョーレ｜
SALSOMAGGIORE

2千万年前の地層から造られたイタリア最大の天然スパ。ミネラル成分豊富なその温泉水に、植物の恵みを掛け合わせて生み出された至福のバスアイテムはギフトにも人気です。

左：お湯にさっと溶け、温肌・美肌を叶えるミネラルに天然由来の保湿成分をプラス。「エモリエントバスソルト」500g ¥4,600、右：カモミールとオレンジのやさしい香りで一日の緊張を解きほぐす。「バスオイル(R)」100ml ¥4,000 ㊒株式会社アリエルトレーディング ☎ 0120-201-790

ゴールドリック
ナチュラルリビング｜
Goldrick Natural Living

"竹とオーガニックコットン"を使用したイギリス発のナチュラルブランド。次世代にも繋いでいきたい身近なアイテムを、エシカルライフにこだわるあの人へ。

左：竹の温かみが手になじみ、使い心地良く美しい綿棒。「オーガニックコットン綿棒」200本入¥880、右：色の代わりにシンボルマークで識別できる竹歯ブラシはパッケージもすべてエコ。「バンブー歯ブラシ」4本セット¥2,200 ㊒アネルサント ☎092-771-7731

忙しいあの人の肌を潤す。

ニーゼロネオ｜20NEO

**現代人に寄り添う
新次元スキンケア。**

1.未体験のうるおいチャージマスク『オイルクラッシュハイドレーティングマスク』4枚入￥5,000 2.オイルクラッシュ製法でオイル＆ローションの2層タイプ保湿液が肌のすみずみまで浸透する保湿液『オイルクラッシュハイドレーター』98ml ￥6,000 3.就寝前の無防備な肌をブルーライトの光ダメージからガード『プロテクティブナイトクリーム』50g ￥6,500 [問]株式会社Hug & Smile ☎0120-410-491

オルタナ｜oltana

**「疲労と老化の関係」に
着目したパワーコスメ**

4.現代人の生活習慣から生まれる3つの悪循環「睡眠不足、疲れ、精神的ストレス」に働きかけるスキンケアアイテム。洗顔フォーム50ml、化粧液15ml、デイクリーム5g、ナイトクリーム5gのトラベルキット（専用ポーチ入）￥5,500 [問]オルタナジャパン ☎03-6303-3836

ノルド｜NowLd

メイクアップアーティスト中村了太さんとヘアメイクアーティスト小林潤子さんが立ち上げた新スキンケアブランド。

5.シンプルステップと肌の自己再生能力を引き上げることにこだわった99.9%天然成分を使用した美容化粧液『プランプエッセンス』60ml ￥5,000 [問]株式会社ノルド ☎03-6823-1835

「疲労と老化の関係」や「ブルーライトの光ダメージ」に着目した
次世代型スキンケアや、「アウトドアライフをより快適に過ごす」
「ひと晩で肌をたてなおす」アイテムなど、忙しいあの人に贈りた
いハイスペックなコスメたち。

**エムアイエムシーワン｜
MiMC ONE**

オールナチュラル成分で
ジェンダレスに提案する新
ライフスタイルブランド。

1.温泉水に炭酸をプラス。顔・
髪・全身が保湿できる化粧水
ミスト「フレッシュミスト」
100g ¥2,300 2.アウトドアラ
イフを楽しむ家族の肌をハーブ
の力で守る「ハーブプロテクト
ミスト」(全身用化粧水) 80ml
¥2,500 ⑩株式会社MiMC ☎
03-6455-5165

ファミュ｜FEMMUE

インナー&アウタービューティーを実現す
るモダンボタニカルスキンケアブランド

アルジタル｜ARGITAL

イタリア・シチリア島生まれの
オーガニックコスメブランド。

3.ダマスクローズの恵みでひと晩で肌をたてなお
す「ローズウォータースリーピングマスク」
50g ¥4,200 4.カメリアの花をそのまま入れ
たクリア肌に導く保湿マスク「フラワーイン
フューズドファインマスク」50g ¥4,000 ⑩株式
会社アリエルトレーディング ☎0120-201-790

5.希少なアイリスの根のスクラブを使い、やさ
しい使い心地「アルジタル ブライトニン
グ アイリススクラブ」75ml ¥3,000 ⑩株式
会社コスメキッチン ☎03-5774-5565

ホテルでワンランク上のギフト。

［アンダーズ 東京］のオリジナルエアミスト

ホテル51階ロビーフロアのエレベーターホールで香るア
ロマ。春は桜、夏は竹、秋は稲穂、冬は柚子、日本の四季
をイメージした4種の香りはギフトとしても人気です。

各30ml￥1,800 ◎アンダーズ 東京 ☎03-6830-1234

［グランド ハイアット 東京］Nagomiのシグネチャーシリーズ

「Nagomi スパ アンド フィットネス」のオリジナルケ
アプロダクト。オイルは玄米1kgからわずか10ccしか採
ることができない希少な米ぬか油をベースに開発。

左から「ナゴミ ビューティー オイル」100ml ￥6,000、「ナゴミ
ボディミルク」130g ￥4,500 ◎グランド ハイアット 東京 ☎03-
4333-1234

ホテルロビーに一歩踏み込むと香るオリジナルアロマやエアミスト、ゲストルームに置かれるファブリック専用ミストやホテルスパ専用のスキンケアプロダクトなど、知る人ぞ知るホテルオリジナルアイテムもギフトにおすすめです

「パレスホテル東京」の
"PURE TRANQUILITY"

「透き通るように清らかな静けさを感じ香り」をテーマに、ブルーサイプレス、アニス、ユーカリなど11種類のブレンドで提案する「PURE TRANQUILITY」。ホテル内でも使われているリードディフューザーとファブリックミストはギフトに最適。

上：オリジナルアロマリードディフューザー 100ml ¥6,000　下：オリジナルファブリックミスト 200ml ¥2,300 ⑩パレスホテル東京 03-3211-5211

届けたい気持ちは花にのせて。

「cotito」の花束と花クッキー

西荻窪の人気店、花とお菓子の店「cotito
（コチト）」では、センスあふれる花束と、オ
リジナルの花クッキーを組み合わせてほかに
はないフラワーギフトをセレクト。店の隣に
あるカフェもぜひ立ち寄りたい素敵空間。

花束が主役のギフト¥7,500（写真は花クッキーのイ
メージに合わせたアレンジです）。※焼き菓子は少量
生産のため予約不可／箱代は別途かかります

コチト｜cotito
東京都杉並区西荻北5-26-18
☎ 03-6753-2395
🕚 11:00〜18:00（土日祝は19:00
まで）㊡ 不定休

いつもそばにいてくれる人やお世話になっている人へ。「ありがとう」「おめでとう」「元気出して」。言葉だけでは伝わらない気持ちを届けてくれる印象的な花束をご紹介。ちょっとしたアイテムも添えるとさらに忘れられない素敵なギフトに。

「F.［éf］」の花束／レプリカ オードトワレ

花言葉から紡いだ"物語を持つ花束"を提案する「F.［éf］」。季節ごとに専属のフラワーアーティストと物語性のある花束を3種開発。贈る側はその中から、相手のイメージにぴったりな花束を選んで贈ることができます。

上：クールに見えて誰よりも努力家なその人へ『Belief』。下：尊敬と応援の気持ちを込めて贈りたい花束『Wonderland』※上記はF.［éf］の過去の販売商品（いずれもRegularサイズ￥8,000）です。現在展開中の最新の花束はF.［éf］のHPよりご確認ください。中：花束に添えて贈りたい香り『レプリカ オードトワレ／フラワーマーケット』10ml ￥3,500 ㈹メゾン マルジェラ フレグランス ☎03-6911-8413

エフ｜F.［éf］

https://f-bouquet.com/
HPでのみ購入可能。
※配達日は最短5日後以降

やさしく包み込む上質タオル。

毎日使うものだからこそ、肌触りがよく、高品質なものをプレゼント
したいタオル。スタイリッシュなのに、赤ちゃんから大人まで安心し
て使える高品質ギフトタオルの鉄板2ブランドをご紹介します。

「藤高タオル」のハウスタオル

今治ブランドの「ハウスタオル」という名の
究極のベーシックタオルです。ふわっとやわ
らかいのに毛羽立ちが少なく、シルクのよう
に繊細な肌触りで吸水性もバツグン。自社染
色によるカラーバリエーションは季節限定色
を加えると全15色。

写真は人気色のwhite、bluegray、mustard、cosmos
（バスタオル 68×130 ¥4,500 / フェイスタオル 34×
80 ¥1,800）

藤高タオル 銀座｜
FUJITAKA TOWEL
東京都中央区銀座7-12-1 藤高ビル1F
☎ 03-6278-8852
⊕ 11:00〜19:00
㋫ 年末年始

「kontex」のタオル
（ラーナとエール）

海外の有名セレクトショップにも
採用されるデザイン性と品質が
人気の「コンテックス」。まるで
ニットのような新感覚の肌触りと、
軽さとやわらかさと吸水性を兼ね
備えたシリーズ「ラーナ」は、膝
掛けやショール、赤ちゃんのおく
るみにと評判の万能選手。新作の
「エール」はやわらかく心地よい
ワッフル織り。

下から：ラーナ（グレー）L ¥2,800、
エール（ベージュ）M ¥1,200、ラー
ナ（グレー）S ¥700、エール（アイボ
リー）S ¥600、キッシュにぎにぎ オ
レンジ ¥1,300

コンテックス タオルガーデン 青山
Kontex Towel Garden Aoyama

東京都港区南青山5-16-3
☎ 03-6712-5978
⊛ 11:00〜19:00　㊡ 第2・4火曜

ほっとするひと時を贈りたい。

お茶やコーヒーを贈る。一見シンプルですが、選択肢が多い分、贈り手のセンスが問われるテーマです。味、香り、デザイン性、そしてさらにひとさじの驚きを秘めたとっておきのアイテムをご紹介します。

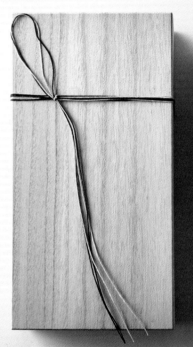

「HIGASHIYA man 丸の内」の茶葉と細長湯呑みの詰め合わせ

吟味された数十種類の茶葉と、細長湯呑みを組み合わせた丸の内店限定の桐箱入りギフト。寒暖差の激しい出雲の地で育まれた力強い風味とまろやかな味わいが愉しめる島根県産・出雲茶と、お茶の香りが際立つ細長湯呑み2客を合わせたセット。

¥5,800 ※湯呑みは5色から選べます

ヒガシヤ マン マルノウチ |
HIGASHIYA man 丸の内

東京都千代田区丸の内1-4-5
三菱UFJ信託銀行本店ビル1F
☎ 03-6259-1148
㊟ 11:00〜20:00 ㊡ 無休

162

「AKEBONO TEA」の
茶葉

煎茶にレモングラスやリンデン等をブレ
ンドした「ゼン デトックス」や、煎茶と
アールグレイを基調に花のハーブを合わ
せた「テイル オブ ゲンジ」など、伝統的
な日本茶にさまざまなハーブを融合する
「AKEBONO TEA」。有機の原料にこだわ
り、カフェインレベルをパッケージに記載
するなど、独自のこだわりを散りばめた東
京発のお茶ブランドです。

左上から時計回り：「ゼン デトックス」50g ¥1,900、
「アンバー ホウジチャ」40g ¥1,300、「バーチュー
オブ ブディスト モンクス」40g ¥1,800、「レイト ナ
イト テンプテーション」50g ¥1,900、「シークレッ
ト オブ オリエンタル ビューティー」80g ¥1,500

アケボノ ティー トーキョー
AKEBONO TEA TOKYO

HP : https://jp.akebono-tea.com/
※HPまたは渋谷スクランブルスクエア内
「SPBS」、渋谷ヒカリエ内「CHOUCHOU」
などのセレクトショップで購入可能

「THE MATCHA TOKYO」の抹茶

100%オーガニックにこだわった抹茶のドリンクやフードを展開する「THE MATCHA TOKYO」。旨み・香り・色味のバランスを叶えるため京都で創業250年の老舗の技術（石臼挽き）を使って粉末化。より気軽に楽しめるスティック型抹茶が人気です。

上段左から：THE MATCHA TOKYOオリジナル抹茶シェイカー¥400、鹿児島と京都宇治から厳選した茶葉をブレンド。「ジャパンプレミアム」20g ¥2,900。オーガニック抹茶に和三盆とミルクパウダーをプラス。「抹茶ラテ スティックタイプ」3本入¥850、下段左から：「ジャパンプレミアム スティックタイプ」、「京都宇治 スティックタイプ」各3本入¥800

ザ マッチャ トーキョー 表参道｜
THE MATCHA TOKYO

東京都渋谷区神宮前6-6-6

☎ ―

🕚 11:00〜20:00　🄌 不定休

「丸山珈琲」のコーヒーバッグ

丸山珈琲初のコーヒーバッグ専門店「丸山珈琲エキュートエディ
ション渋谷店」では、特別な器具がなくとも本格的な味わいの
コーヒーが楽しめるコーヒーバッグを常時10銘柄以上ライン
ナップ。渋谷店限定の「東京ブレンド」をはじめ、カラフルでス
タイリッシュなパッケージはちょっとしたギフトにも◎。

コーヒーバッグ各種¥200〜。5個購入ごとに写真右上の
オリジナルギフトボックスに詰め合わせてもらえます。

丸山珈琲
エキュートエディション渋谷店｜
MARUYAMA COFFEE

東京都渋谷区渋谷2-24-12 渋谷スクランブ
ルスクエア ショップ＆レストラン 1F
エキュートエディション
☎ 03-3400-1200
🕐 10:00〜21:00
🈺 渋谷スクランブルスクエアに準ずる

フーディーなあの人へ。

「DEAN & DELUCA」のパスタソース

「ディーン&デルーカ」が、オリジナルレシピをもとに提案する
贅沢なパスタソース。人気のトリュフソルトや黒胡椒のほか、パ
スタやオリーブオイルと組み合わせてもOK！

ディーン & デルーカ 六本木｜
DEAN & DELUCA

東京都港区赤坂9-7-4 東京ミッドタウンB1F
☎ 03-5413-3580
㋙ 11:00〜21:00　㋡ 無休

「ゴルゴンゾーラクリーム」、「トリュフ&チキン
クリーム」、「クラブトマトクリーム」、「ビーフラ
グー」各種¥780、4種詰め合わせ「パスタソースコ
レクション」¥3,000、「トリュフソルト」30g ¥1,200、
「マダガスカル産ワイルドペッパー」50g ¥1,648

料理や食べることが好きな人へ贈りたいおすすめのギフトをセレクト。ただおいしいだけではなく、忙しい日の手助けに、日々の食事をちょっと贅沢に、いざという時の保存食に。大好きなあの人の気持ちも満たす贈りもの。

「セドリック・カサノヴァ」のオイル

オリーブオイル専門店「セドリック・カサノヴァ」。セドリックが手がける「単一畑×単一品種」の畑で作られたエクストラヴァージンオリーブオイルは全6種。現在は大手町にあるカフェ ステュディオ ベーカリーにて常設販売中。一度味わってハマる人続出の「世界一ピュアなオリーブオイル」はギフトにも喜ばれる逸品です。

左から：芳醇な香り＋甘くまろやかな味わい「フランチェスコのチェラソーラ」250ml ¥2,800、熟した旨みたっぷり！「ドライトマト」80g ¥680、花を摘んでほぐすとフレッシュな香りが弾ける魔法のハーブ「ニーノのオレガノブーケ」1束 ¥950

カフェ ステュディオ ベーカリー｜
CAFE STUDIO BAKERY

東京都千代田区大手町1-7-1 読売新聞ビル
☎ 03-6281-9611
🕐 8:00‐22:00（日祝は18:00まで）
㊡ 不定休

「IZAMESHI」のキャリーボックスデリ

「いざ！」という時でもそうじゃない時でも、いつでもおいしい長期保存食「イザメシ」。突然の災害時に備える備蓄食ですが、ご飯、おかず、麺、デザートなど豊富なラインナップはキャンプなどのアウトドアシーンでも活躍します。

持ち運びにも便利な肩掛け仕様のボックスに詰め込んだ「イザメシキャリーボックスDeli」（イザメシデリ8袋、紙製スプーン×4&皿×2）
¥5,000

イザメシ テーブル 新宿マルイ本館｜
IZAMESHI Table

東京都新宿区新宿3-30-13 新宿マルイ本館5F
☎ 03-6273-0027
⊗ 11:00〜21:00（日祝は20:30まで）
㉅ 新宿マルイ本館に準ずる

Tokyo Station

帰省にも普段使いにも
GOODな
「東京駅みやげ」

丸の内口と八重洲口を結ぶ約18,000㎡の敷地内に続々と誕生するショップの数は現在約230店舗。東京エキナカをもっと上手に使いこなせば、日常の手みやげシーンがもっと楽しくなるはず。「東京駅みやげ」の最旬事情がずらり！

TOKYO CAVA
750ml ¥2,500

丸の内駅舎をデザインした「ヴィニコラ・デ・サラル」東京駅限定ボトル。シャンパーニュと同じ製法で造られたクリーミーでコクのある味わい。

ワインショップ・エノテカ｜
WINE SHOP ENOTECA

MAP：P189 1-C ☎ 03-6551-2368
🕙 10:00〜22:00（日・連休最終日の祝日は21:00まで）

2〜3分煮出すだけで本格的なだしがとれる人気のだし3種（茅乃舎だし、煮干しだし、野菜だし）セット。東京駅限定パッケージ入り。

東京駅限定 心ばかり だし3種セット
各5袋入 ¥1,158

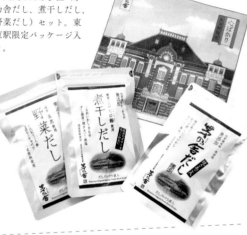

茅乃舎｜**KAYANOYA**

MAP：P189 2-A
☎ 03-6551-2322
🕙 8:00〜22:00（日・連休最終日の祝日は21:00まで）

電車でイータリー
¥1,700

イータリー｜**EATALY**

MAP：P189 2-A
☎ 03-3217-7070 🕙 8:00〜23:00
（日・連休最終日の祝日は22:00まで）

店内でスライスしたイタリア産チーズとハムのセット。新幹線の中でワインやビールと一緒に！というアイデアから誕生したひと品。

B

全粒まるぱん 千葉県産クランチ
ピーナッツ＆ラズベリー

1個 ¥290

ガーデン ハウス カフェ
GARDEN HOUSE CAFE

MAP：P189 4-A
☎ 03-6551-2677
🕐 7:00～22:00（日・
連休最終日の祝日は
21:00まで）

有機のメープルシロップ
を混ぜたやさしい甘味の
全粒粉生地に千葉県産
ピーナッツバターと自家
製ラズベリージャムをサ
ンドした人気商品。

東京ブロンド、東京ホワイト、
東京 IPA

各330ml 各¥500

「日本食に合うビール」
をテーマに、伝統と最
先端・日々進化する
「Tokyo」を表現した
ビール。華やかで独創的
な香りが特徴的。

紀ノ国屋アントレ
グランスタ丸の内店
KINOKUNIYA entrée

MAP：P189 3-A
☎ 03-6259-1884
🕐 7:00～22:00（日・連
休最終日の祝日は21:00
まで）

Traveling ヘアケアギフト S

¥3,900

ジョンマスターオーガニック
セレクト│
john masters organics select

MAP：P189 4-B　☎ 03-6256-0373
㊄ 9:00〜22:00（日・連休最終日の
祝日は21:00まで）

ヘアオイルをはじめ、
シャンプー、コンディ
ショナー、ヘアミストな
ど人気4アイテムのトラ
ベルサイズをポーチとし
て再利用可能なパッケー
ジにセット。

ティーバッグ・焼菓子
詰め合わせ

¥3,000

フォートナム・アンド・メイソン・コンセプト・ショップ│
FORTNUM & MASON CONCEPT SHOP

MAP：P189 4-B　☎ 03-5223-8577
㊄ 9:00〜22:00（日・連休最終日の
祝日は21:00まで）

ブランドを代表する
「ロイヤルブレンド」の
ティーバッグと、アー
ルグレイクラシックを
使用した2種のビス
ケットの詰め合わせ。

オサジ ローソープ
Fukuramu（無香料）
¥1,600

しっとりもっちり濃密泡で洗い上げるOSAJIの
人気アイテム、半熟石けん洗顔料が東京駅グラン
スタ限定のふくらむちゃんボトルで！

オサジ｜OSAJI

MAP：P189 4-B ☎ 03-6551-2099
㊺ 9:00〜22:00（日・連休最終日の祝日は21:00まで）

ラブラリートーキョーナイト、
ラブラリートーキョーブルー ハンカチ
1枚 ¥2,000

丸の内駅舎デザインは東京駅グランスタ限定！
3色のカラーバリエーション（ナイト、ブルー、
サンセット）が魅力です。

ラブラリー バイ フェイラー｜
LOVERARY BY FEILER

MAP：P189 4-B ☎ 03-6269-9559
㊺ 9:00〜22:00（日・連休最終日の祝日は21:00
まで）

てぬぐい 東京夜景 紺
¥1,000

日本独自の染色技法「注染」で職人が染め上げた
本染てぬぐい。東京の名所を夜景で表現したデ
ザインは海外への手みやげにも人気。

シェアード トーキョー｜SHARED TOKYO

MAP：P189 4-B ☎ 03-6206-3165 ㊺ 9:00〜
22:00（日・連休最終日の祝日は21:00まで）

桂新堂｜KEISHINDOU

MAP：P189 3-B　☎ 03-3216-3515
㊋ 8:00～22:00（日・連休最終日の
祝日は21:00まで）

パンダの旅

5 袋入¥1,000

東京駅グランスタ限定！可愛いパン
ダが主役となって東京の5つの名
所をめぐる様子を描いた桂新堂人気
のえびせんべい。

東京 駅舎物語

9 袋入¥1,000

えびの旨みがぎゅっと詰まった2種のえ
びせんべいに歴史ある丸の内駅舎を描いた
東京駅グランスタ限定商品。

タイチロウ モリナガ
ステーション ラボ｜
TAICHIRO MORINAGA
STATION Labo

MAP：P189 4-B
☎ 03-6259-1723
㊋ 8:00～22:00（日・
連休最終日の祝日は
21:00まで）

キャラメルクリスピー

4個入¥732、8個入¥1,463

森永のキャラメルを独自の製法でサ
クサク食感のチップに！なめらか
なチョコレート、塩味を利かせたビ
スケットと融合した東京駅限定の味。

グミッツェル
BOX 6個セット

¥741

ヒトツブ カンロ｜
HITOTUBU KANRO

MAP：P189 3-B　☎ 03-5220-5288
㊋ 8:00～22:00（日・連休最終日の
祝日は21:00まで）

外はパリッ、中はジューシー。ブレッツェル型の新食
感グミ。ソーダ、グレープ、オレンジ、グレープフ
ルーツ、ラフランス、アップルの6つの味。

ロリポップチョコレート

1本￥220、5本セット￥1,100

マルシェ ド ショコラ
Marche du Chocolat

MAP：P189 3-B ☎ 03-3213-0234
㉄ 8:00〜22:00（日・連休最終日の
祝日は21:00まで）

ひと口サイズで気軽にチョコが楽し
めるロリポップチョコレート。ビ
ターキャラメルやクリームブリュレ
など5種の風味をラインナップ。

江戸開城 純米吟醸

720ml ￥2,000

港区芝にある都内で唯一の酒蔵が、日々進化
し続ける東京をイメージして醸した日本酒。

はせがわ酒店
HASEGAWA SAKETEN

MAP：P189 4-B ☎ 03-6420-3409
㉄ 8:00〜22:00（日・連休最終日の祝日は21:00まで）

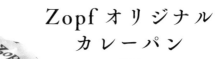

Zopf オリジナル
カレーパン

1個 ¥300

10種以上のスパイスを
使用した濃厚な自家製カ
レーをほんのり甘口のパ
ン生地にたっぷり詰めて、
ザクザクとした食感が心
地いいツオップ自慢のカ
レーパン。

ツオップ カレーパン専門店 │ Zopf

MAP：P189 3-C ☎ 03-5220-5950
㊡ 8:00〜22:00（日・連休最終日の祝日は21:00まで）

柿の葉すし 3 種（さば、鮭、鯛）

8 個入 ¥925

笹八 │ SASAHACHI

MAP：P189 3-C ☎ 03-5222-0338
㊡ 8:00〜22:00（日・連休最終日の祝日は21:00まで）

大正10年に米屋として創業した「ゐざさ中谷本舗」から生まれたと
いう「笹八」の柿の葉すし。食べやすく列車の旅にも人気の品。

松露サンド

¥600

創業1924年、築地場外で
親しまれた玉子焼き専門店
「松露」で賄いから生まれ
た極上玉子焼きサンド。一
度味わうとやみつきに。

つきぢ松露｜
TSUKIJI SHOURO

MAP：P188 3-D　☎ 03-3201-1236
㉑ 8:00〜22:00（日・連休最終日の
祝日は21:00まで）

豆狸いなり
（豆狸、わさび、焼き揚げ生姜、五目、穴子）

豆狸¥90、わさび¥90、焼き揚げ生姜¥140、五目¥150、穴子¥240

甘味のあるふっくらお
揚げに、じっくり仕込
んだ具材の数々を丁寧
に「手」で包み込んだ
こだわりの味。穴子は
東京駅グランスタ限定。

豆狸｜**MAMEDA**

MAP：P188 3-D　☎ 03-3211-0071
㉑ 8:00〜22:00（日・連休最終日の祝日は21:00まで）

　　　　　　　　　　　　　　※画像はイメージです

テラ・コンフェクト｜Terra Confect

チーズウィッチ

11個入¥1,100

サクッと軽く香ばしいチーズクッキーとチョコレートの中から、とろりあふれるチーズ風味のソースが意外なほど好相性。東京生まれの新しいサンド。

ベリーアップ｜Berry UP!

いちごサンドクッキー

8個入 ¥1,200

東京駅から生まれた新ブランドの人気商品。カリッと焼き上げたチュイルに甘酸っぱい苺チョコをサンドした5層仕立てのサンドクッキー。

山本海苔店｜YAMAMOTO NORITEN

東京駅
海苔ちっぷす

2缶入（うめ味・ごま味）¥1,280

上質な2枚の海苔でうめ・ごまをサンド。サクサクの食感がクセになる日本橋の老舗「山本海苔店」が作った海苔のお菓子。駅舎缶は東京駅限定！

東京ショコラトリー｜Tokyo Chocolaterie

ショコラ
キャラメルサンド

8個入¥1,000

しっとり食感の焼きチョコとコクのあるビターキャラメルソースを、口どけの良いココア生地でサンド。まるでチョコレートケーキのような濃厚な味わい！

東京ジャンドゥーヤチョコパイ

8個入¥1,000

ジャンドゥーヤを生んだ「カファレル」がその誕生150周年を記念して作ったオリジナルチョコレートパイ。サクッと軽い食感が人気の東京駅限定の味。

カファレル│Caffarel

MAP：P188 3-D　☎ 03-3284-2121
⊛ 8:00～22:00（日・連休最終日の祝日は21:00まで）

カフェレル テルミナーレ 東京駅限定缶

5粒入 ¥950

東京駅舎デザインの缶パッケージに「ジャンドゥーヤ」をアソート。「鉄道の日」にちなんで、東京駅限定商品として誕生したひと品。

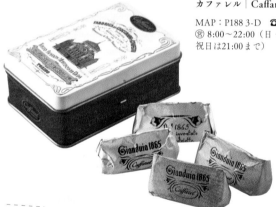

モッツァレラと生ハムの チャバタサンド

¥860

自家製チャバタに北海道産モッツァレラチーズとプロシュートをサンド。トマトとフレッシュルッコラの香りが後を引く不動の人気商品。

ディーン＆デルーカ│DEAN & DELUCA

MAP：P188 3-E
☎ 03-5288-8040
⊛ 8:00～22:00（日・連休最終日の祝日は21:00まで）

トーキョーステーションビスケット缶

3枚入（バター/カカオ）¥777

店内工房でパティシエが一枚一枚型抜きして焼き上げる、発酵バターを贅沢に使用したコクのあるビスケット。丸の内駅舎モチーフがキュート！

フェアリーケーキフェア│Fairycake Fair

MAP：P188 3-D ☎ 03-3211-0055
㊙ 8:00〜22:00（日・連休最終日の祝日は21:00まで）

マルコリーニ ビスキュイ

6枚入¥3,300

香ばしくもしっとり食感のビスケットと芳醇なカカオのアロマが広がるオリジナルクーベルチュールが見事に融合！シックな赤いボックスが手みやげに人気。

ピエール マルコリーニ│PIERRE MARCOLINI

MAP：P188 3-E ☎ 03-5220-4560
㊙ 8:00〜22:00（日・連休最終日の祝日は21:00まで）

TOKYO 鈴せんべい

12枚入¥864

「銀の鈴」をモチーフにした東京駅限定のお煎餅。ご飯として食べられる一等米を使用。さっくりとした食感で人気4種類の味が楽しめる。

富士見堂 | fujimidou

MAP：P188 3-E ☎ 03-3211-8011
営 8:00〜22:00（日・連休最終日の祝日は21:00まで）

TORAYA TOKYO
小形羊羹

5種12本入¥3,000

とらやを代表する小倉羊羹「夜の梅」をはじめ、「紅茶」「新緑」など5種をアソート。パリ在住の画家、P.ワイズベッカー氏が描いた限定パッケージが評判。

とらや | Toraya

MAP：P188 3-E ☎ 03-6206-3311
営 8:00〜22:00（日・連休最終日の祝日は21:00まで）

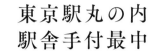

東京駅丸の内
駅舎手付最中

1個¥210、6個入¥1,351、12個入¥2,702

駅舎の形を模した東京駅限定の最中。別添え
の北海道産小豆の粒餡を食べる直前にサンド。
サクサクとした食感が後を引くひと品。

銀座甘楽│GINZA KANRA

MAP：P188 3-E　☎ 03-3211-8180
🕐 8:00〜22:00（日・連休最終日の祝
日は21:00まで）

東京鈴もなか

2袋入¥555

元町 香炉庵│Motomachi Kouroan

MAP：P188 3-E　☎ 03-3211-8666
🕐 8:00〜22:00（日・連休最終日の祝日は21:00まで）

「銀の鈴」を竹炭入りの最中皮で
再現！ 羽二重粉を使い、丁寧に
練り上げた求肥餅入りオリジナル
餡。こし餡は通年。春は桜もち、
秋はモンブラン味も登場する。

東京あんぱんケーキ

1個¥445

北海道産大納言かのこと豆一豆オリジナル抵糖あんこ（計120g）をパンケーキでボリュームたっぷりにサンド。見た目のインパクトも圧巻！

東京あんぱん豆一豆｜
tokyo anpan mameichizu

MAP：P190 3-A　☎ 03-3211-9051
⊛ 8:00～22:00（日祝は21:30まで）

バウムクーヘン（アーモンド）

6個入¥1,000

老舗洋菓子ブランド「ユーハイム」が手がけるエキナカブランド。駅舎パッケージに中身は個包装なので手みやげにぴったり！

マイスターシュトゥック ユーハイム｜
MEISTERSTUCKE JUCHHEIM

MAP：P190 2-A　☎ 03-3211-8921
⊛ 8:00～22:00（日祝は21:30まで）

サク＆シトリ
東京駅限定アソート

15個入¥2,000

イシヤ 東京ステーション｜
ISHIYA TOKYO Sta.

MAP：P190 2-A　☎ 03-3211-7700
⊛ 8:00～22:00（日祝は21:30まで）

「白い恋人」のISHIYAによる北海道外ブランドが贈るサク ラング・ド・シャ（6種）と焼き菓子2種のセット。東京駅限定のオリジナルパッケージ入り。

KABUKIKIDS 抹茶
¥1,300

菓匠禄兵衛｜Kashorokubee

MAP：P190 2-A ☎ 03-3211-8926
㊡ 8:00〜22:00（日祝は21:30まで）

滋賀の老舗和菓子店が提案する抹茶みるく餡×しっとり
食感の焼きまんじゅう。蓋は隈取のお面になって歌舞伎
ごっこが楽しめる。子ども向けの手みやげにも人気。

奈良発、自家製餡の白餡にバターとミルクを
入れた洋風まんじゅう。上品な甘さが世代を
問わず人気。

東の京
10個入¥1,435

奈良天平庵｜Nara Tenpyoan

MAP：P190 2-B ☎ 03-3287-2525
㊡ 8:00〜22:00（日祝は21:30まで）

日本市｜NIPPON-ICHI

MAP：P190 2-A ☎ 03-3211-8967
㊡ 9:00〜22:00（日祝は21:30まで）

東京ブリキ缶（招き猫／パンダ）
各¥1,500

ごあいさつふきん
東京に行ってきました。
¥500

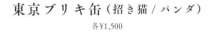

東京で110年続く老舗の
缶メーカーが手作りする
ブリキ缶や、楊枝専門店
「日本橋さるや」の黒文
字楊枝（日本市オリジナ
ル）、ごあいさつふきん
はエキュート東京限定。

さるや
東京楊枝
¥1,200

あんやき（黒蜜きな粉）

6個入¥1,315

餡と米粉を合わせて焼き上げたオリジナル餡焼き菓子は洋菓子と和菓子のハイブリッド的食感。「黒蜜きな粉」はエキュート限定！

船橋屋こよみ｜
Funabashiya Koyomi

MAP：P190 3-A ☎ 03-3211-8311
⊗ 9:00～22:00（日祝は21:30まで）

くず餅プリン、
抹茶くず餅プリン

¥370、¥400

船橋屋が創業200年を記念して開発した"新食感"プリン。くず餅特有のもっちり食感、風味豊かに仕上げたプリンは新しくも懐かしい。抹茶味は抹茶ゼリーでより深い味わい。

※抹茶くず餅プリンは冬季限定商品です。

キハチ ザ ワッフル

4個入¥600

ザクザクッと香ばしく焼き上げたオリジナルの
ココアワッフル生地で、黒胡麻の風味豊かなク
リームをサンド。贅沢風味のチョコレート菓子。

キハチ ザ ビスキュイ

20個入¥1,800

香り立つまでしっかり焦がした"焦が
しキャラメル"と、北海道産小麦を高
温で焼き上げたサクサク食感のビス
キュイで、ほろ苦いカラメルを加えた
口とけのよいホワイトチョコをサンド。

パティスリー キハチ 大丸東京店│
PATISSERIE KIHACHI

MAP外：大丸東京店1F　☎ 03-3212-8011
（大代表）🕙 10:00〜21:00（土日祝は20:00
まで）

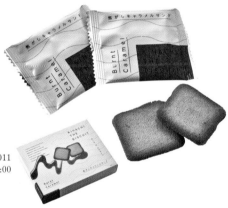

東京かみなりや

8個入 ¥984

ふわっと軽いクリームにナッツ
と胡麻の飴がけをトッピング。
"雷さま"の角をイメージしてく
るくる巻き上げた米粉入りラン
グドシャの形も可愛い。

東京かみなりや│TOKYO KAMINARIYA

MAP：P190 4-C　☎ 03-3217-5828　🕙 8:00〜22:00

東京駅 MAP

※2020年2月現在

北地下自由通路（八重洲・丸の内連絡通路）

B1F

GRANSTA

DEAN & DELUCA ▶P180
とらや ▶P182
銀座甘楽 ▶P183
元町 香炉庵 ▶P183
富士見堂 ▶P182
カファレル ▶P180

ステーション
コンシェルジュ
東京
つきぢ松露 ▶P177
豆狸

F スイーツエリア
• 銀の鈴
待ち合わせ場所

八重洲地下中央口

東京駅
一番街

DAIMARU

GRANROOF

ピエール
マルコリーニ ▶P181

フェアリーケーキ
フェア ▶P181

NEW DAYS

ワインショップ・
エノテカ ▶P170

EATALY ▶P170

▲ 新丸ビル

Ⓐ 丸の内地下北口

丸の内北エリア

● みどりの窓口

GRANSTA
MARUNOUCHI

茅乃舎 ▶P170

紀ノ国屋アントレ
グランスタ丸の内店
▶P171

丸の内地下中央口

Ⓒ バラエティエリア

ツオップ カレーパン専門店 ▶P176

笹八 ▶P176

Ⓑ 丸の内南エリア

Ⓓ おやつエリア Ⓔ お弁当エリア

マルシェ ド ショコラ ▶P175

ヒトツブ カンロ ▶P174

桂新堂 ▶P174

はせがわ酒店 ▶P175

タイチロウ モリナガ
ステーション ラボ ▶P174

ガーデン ハウス
カフェ ▶P171

フォートナム・アンド・メイソン・
コンセプト・ショップ ▶P172

シェアード トーキョー ▶P173

ラブラリー バイ ノエイフー ▶P173

ジョンマスターオーガニック セレクト ▶172

丸の内地下南口

オサジ ▶P173

東海道・
山陽新幹線
中央のりかえ口

1F

NEW
DAYS

⇐ 丸の内中央口

HANAGATAYA ▶P178-179

駅弁屋
祭

NEW
DAYS

• みどりの窓口

イシヤ 東京ステーション ▶P184

日本市
▶P185

奈良天平庵 ▶P185

東北・上越
北陸新幹線
南のりかえ口

ecuteTokyo

◀ 東京
ステーション
ホテル

銘品館

東海道・
山陽新幹線
南のりかえ口

KIOSK

マイスターシュトゥック
ユーハイム ▶P184

船橋屋こよみ ▶P186

菓匠禄兵衛 ▶P185

東京あんぱん豆一豆 ▶P184

NEW
DAYS

⇐ 丸の内南口

ユニクロ

NEW
DAYS

東京かみなりや ▶P187

ecute
Keiyo Street

※ユニクロは2020年4月下旬よりリニューアルオープン予定

STAFF

編集・執筆・撮影スタイリング　松浦 明［edible.］
撮影　　　　北川鉄雄
撮影協力　　小沼祐介
デザイン　　吉村 亮、眞柄花穂［Yoshi-des.］
マップ　　　デザインワークショップジン（P188～190）
DTP　　　　茂呂田 剛［エムアンドケイ］
校正　　　　円水社

協力　　　　サニーサイドアップ

[本書で使用した器のご紹介]

●Rimout（リモウト）
本書ではたくさんのシーンで登場した器ブランド。特に「ノワゼット」（P.26, 27, 30, 43, 83, 88, 106, 107, 130などで登場）は食材の色を引き立てながら使い勝手がよいシリーズ。P.101で登場の「レイユール」も人気のシリーズです。
Instagram : @rimout_talk

●LIVING TALK（リビングトーク）
岐阜県多治見市に拠点をおく陶器メーカー。本書では「cekitay」のはくさ／せん（P.10, 28, 90, 97）「クロック」（P.114）が登場。
HP：www.living-talk.jp

●Keicondo（ケイコンドウ）
茨城県笠間市を拠点に作陶。国内外での個展活動でも注目されている若手作家です。本書ではP.39, 48, 89, 115, 119, 138などで登場。
Instagram: @keicondo

●doinel（ドワネル）
インテリアと食品・食品雑貨を扱う外苑前のセレクトショップ。本書で登場したシリーズ「クリスチャンヌ ペロション オーバルプレート」（P.32, 75, 76）は特に人気のプレートシリーズです。HP：https://doinel.net

＊その他、P.70, 80／Atsushi Funakushi（船串篤司）、P.128／Miyagi Pottery（宮城正幸／宮城陶器）も登場しています。

FIGARO BOOKS
madame

贈りもの上手が選ぶ、
東京手みやげ&ギフト

2020年4月1日　初版発行

編者　　　フィガロジャポン編集部
発行者　　小林圭太
発行所　　株式会社CCCメディアハウス
　　　　　〒141-8205
　　　　　東京都品川区上大崎3丁目1番1号
　　　　　電話　03-5436-5721（販売）
　　　　　　　　03-5436-5735（編集）
　　　　　http://books.cccmh.co.jp

印刷・製本　株式会社新藤慶昌堂